父权制应激障碍

女性最根深蒂固的创伤疗愈指南

[美] 瓦莱丽·雷因（Valerie Rein） 著

张钧驰 译

人民东方出版传媒
People's Oriental Publishing & Media
东方出版社
The Oriental Press

图字：01-2022-6203

Patriarchy Stress Disorder © 2019 Dr. Valerie Rein. Original English language edition published by Scribe Media 507 Calles St Suite #107, Austin Texas 78702, USA. Arranged via Licensor's Agent: DropCap Inc. All rights reserved.

图书在版编目（CIP）数据

父权制应激障碍：女性最根深蒂固的创伤疗愈指南 /(美) 瓦莱丽·雷因（Valerie Rein）著；张钧驰译 . — 北京：东方出版社，2024.1

书名原文：Patriarchy Stress Disorder: The Invisible Inner Barrier to Women`s Happiness and Fulfillment

ISBN 978-7-5207-3761-6

Ⅰ.①父… Ⅱ.①瓦… ②张… Ⅲ.①女性–成功心理–通俗读物 Ⅳ.① B848.4-49

中国国家版本馆 CIP数据核字 (2023)第 217882号

父权制应激障碍：女性最根深蒂固的创伤疗愈指南

（ FUQUANZHI YINGJI ZHANGAI：NVXING ZUI GENSHENDIGU DE CHUANGSHANG LIAOYU ZHINAN ）

作　　者：[美] 瓦莱丽·雷因（Valerie Rein） 著

译　　者：张钧驰

策划编辑：鲁艳芳

责任编辑：黄彩霞

出　　版：东方出版社

发　　行：人民东方出版传媒有限公司

地　　址：北京市东城区朝阳门内大街 166 号

邮政编码：100010

印　　刷：三河市冠宏印刷装订有限公司

版　　次：2024 年 1 月第 1 版

印　　次：2024 年 1 月北京第 1 次印刷

开　　本：880 毫米 × 1230 毫米　1/32

印　　张：7.25

字　　数：157 千字

书　　号：978-7-5207-3761-6

定　　价：59.80 元

发行电话：（010）85924663　85924644　85924641

目　录

前　言

当我们洞悉那些无形之物时，便能够成就不可能之事。

——无名氏

我正在与一位来访者通电话，突然，我意识到自己只有半边脸在笑。

我的嘴巴右侧上扬了，左侧却不配合地耷拉着。挂断电话后，我的左臂就像挂在身体左侧的摆件一样，也罢工了。我觉得自己这副模样丑死了，不知道"我到底怎么了"。而当我用右手大拇指在手机上输入"身体左侧无力"时，"中风"一词映入眼帘。于是，我仅用右臂驾驶汽车，把自己送到了急诊室。

在短短几分钟内，医护人员仿佛把他们能找到的所有仪器都拿来了，于是，我的全身被不断发出"哔哔"声的监测仪器包裹着。一场长达数小时的冒险由此展开，以期找到我的问题所在。伴随着一个又一个检查和测试，我感觉自己逐渐好转起来。医护人员精心照料着我，用担架把我推到感应门前。在进入一个冷冰冰的房间之前，他们还给我盖上了毯子。在我开口提出要喝水之前，他们就贴心地给我递上了水。总之，他们带着令人安心的笑容，无微不至地照顾着我，让我觉得自己仿佛身处丽思卡尔顿酒店——在此之前，那是地球上唯一一个能可靠且持续地预判并满足我的需求的地方。

此时此刻，没有电话需要我接听，没有人需要我照顾，也没有任何要求强加于我。除了躺着呼吸之外，我不需要做任何事情。我意识到自己在这一过程中毫无负罪感，而这可能是我成为母亲、妻子和专业人士以来，第一次有这样的感受。对中风的恐慌使我能够光明正大地享受这半日闲暇。于是，在冥想一般轻柔的机器声中，我身着病号服，放松地享受着这个疗养日。

万幸，检查结果显示一切正常。"不过是压力"导致我身体左侧暂时失去知觉。于是，医院的工作人员让我出院回家。

我看了一眼表，意识到自己还能按照原来计划的时间接待晚上的来访者。于是，我换回自己的衣服，驾车返回了办公室，仿佛什么都没有发生过一样，照常进行晚间的心理咨询工作。

这就是"现状"的力量。只要我还没死，那我肯定在工作。

不知道你有没有同感？

多年来，无数高成就女性来访者与我分享了她们所面临的困境：倦怠、沮丧、幻灭、绝望、愤怒、抑郁、肾上腺疲劳，以及与体重、消化、睡眠、惊恐、焦虑等相关的问题。

我一直在与一种持续不断的疲惫感做斗争，因为我总是觉得自己必须保持舞动。

我害怕失败。我必须在任何时候都做到最好并保持愉悦，让每个人都开心。

我总会在醒来时感到焦虑。一想到我必须要做的所有事情，我的心和头脑就会疯狂运转。我强迫自己进行冥想，但这并没有什么用，反而让我觉得自己是个失败者。

我只不过是想在清早醒来时感受到快乐而已。

在这些来访者身上，我更容易看到那些难以通过自身察觉的事物。我们这些高成就女性总是逼迫自己一直努力，直到崩溃，或者因健康、工作以及关系出现危机而突然停下脚步。最终，只有当我们紧贴墙壁、面临绝境时，才能看到自己身处"监狱"之中。

但这个无形的"内在监狱"究竟是什么呢？又是什么罪行导致我们身陷图圄？

重新定义创伤

多年来，在心理咨询工作以及社交场合中，我听很多女性表达过她们被卡住、被囚禁的感受。她们想要得到"更多"——期望在关系中增进亲密感，希望自己的工作产生更大的影响力，追求在生活中获得更多的满足感，渴望在社交场合更自在地做自己，以及想要更多的幸福和安宁。在试图触及这些"更多"的时候，她们好像碰到了一堵无形的内在墙壁，令她感到非常挫败。

这些女性绝不是空想家。多年来，为了追求幸福和成就，她们努力地遵循我们的文化规训行事：做一个好女孩，在学校里好好表现，在事业上努力精进，结婚，买房，养育孩子，过精致的生活，去度假。

然而，当她们成功地在地图上给这些已经完成的里程碑打钩后，理想中的乐土并没有出现。于是，她们开始向内寻找：阅读自助书籍，参加个人成长工作坊、研讨会和静修会，尝试瑜伽和冥想，积极地进行心理咨询和药物治疗。即便如此，她们仍然没能抵达心目中的乐土。

在令我虚惊一场的中风事件发生之前，就像我的来访者以及我认识的其他高成就女性一样，我也在监狱中光鲜亮丽地生活着。从外部看，我拥有一切：有一个位于纽约的蒸蒸日上的私人心理诊所以及一项客户遍布全球的教练和咨询业务；有两个心理学研究生学位（是的，我就是如此深受困扰）——哥伦比亚大学的硕士学位和超个人心理学研究所的博士学位；我还有另外一份有声望的工作——在一所重点大学的心理咨询硕士项目中任教；我嫁给了一个好男人，有一个可爱的女儿，还在纽约市郊区买了一栋漂亮的房子。

中风事件瞬间击穿了我"拥有一切"的美好假象。此时，我不得不面对一个现实，那就是我并不像表面上看起来那样感到幸福和满足。我终于瞥见了那个无形的内在监狱。当半边身体陷入沉默时，我终于开始倾听从前的我一直不敢倾听的部分。

与我的处境形成鲜明对比的是，我的来访者们正在改善她们的事业、业务、健康和关系。过去，她们受到焦虑、愤怒和成瘾的摆布。如今，喜悦、安宁和满足成为她们的新常态。我开始思考：为什么我的来访者们能在生活中做出这些重大转变，而我却依然感到困顿？有哪些事情是我为她们做了，却没有为自己做呢？

紧接着，我恍然大悟。问题的关键在于，无论来访者是否认为自己有未解决的创伤，我都会使用相应的身心工具为她们治疗创伤。每当我们揭开表面的迷雾，近距离地探究是什么导致了焦虑、抑郁、婚姻中的孤独感、很难找到合适的伴侣、无法建立令人满足的关系、很难唤起性欲或达到性高潮、体重不受控制地增加或减少以及用食物、酒精或其他成瘾行为进行自我安慰时，总能发现创伤的存在。

我没有为自己做这些，原因是……我以为自己没有任何创伤。

我知道这很讽刺，但我相信你能体会到我的困惑。事实上，此刻的你可能在想，你也没有任何创伤。

原因在于，传统的创伤被定义为与经历或目睹过危及生命的事件相关，这自然会让我们联想到战争、性侵和家暴。但是，为什么从未经历或目睹过此类事件的来访者，也会呈现出创伤的症状？为什么创伤的身心疗法在她们身上有这么好的效果？

因为她们和你我一样都是人类。生而为人的体验以及帮助他人疗愈的经验清楚明了地告诉我，所有人都有创伤。

在我之前，许多人已经意识到大多数创伤并不符合狭义的传统定义。创伤治疗师将创伤（trauma）划分为大 T 和小 t 两种类型。后者包括不幸的童年经历以及人类普遍会经历的一些其他事件，这些事件往往会造成影响持久的创伤。

我的个人经历与职业生涯引导着我去拓宽小 t 类型创伤的定义：

创伤是任何令你在充分表达真实自我的过程中感到不安全并导致你为了保护自己而发展出创伤适应（trauma adaptation）的事件或情境。

这包括任何使你收敛光芒的事件，或者任何使你无法完全做自己的情况。它可能会以很多种形式出现：羞辱、怒视、品头论足或者充满性意味的凝视。如果现在回想这些事情令你感到退缩，那么这很可能就是创伤。

创伤适应是针对创伤而产生的保护机制。它通过把我们关在一个无形的内在监狱来保护我们的安全。监狱的墙壁由创伤经历构成，而创伤适应的所作所为就像监狱看守一样，在我们的思想、身体和行动中运作——制造想法、引起身体不适、造成自我破坏，从而阻止我们前进，使我们无法去体验自己真正渴望的事物。

你没有任何问题

就像格林童话《长发公主》（*Rapunzel*）里的女巫葛朵（Gothel）一样，监狱看守让我们相信，待在监狱里是远离外面那个危险世界的唯一选择。在此，我需要先做一个重要的说明：大多数创伤防御都是在潜意识层面运作的。在意识层面，我们可能会感到非常自信、称职，丝毫不觉得这个世界是危险的。然而，无论我们在意识层面相信什么，身体和心灵中的创伤烙印都会将防御系统激活。在追求"更多"——更多的幸福、亲密或影响力时，这些防御系统就会化作无形的墙壁，因为它们所依赖的脆弱性触及了原始的创伤，使我们感到不安全。当我们的创伤被触发时，这些墙壁就会竖起来，使我们止步不前。

你可能听说过在自助、自我提升、个人发展、励志演讲和教练行业中广泛流行的可怕口号"不要再阻碍自己了"。它的可怕之处在于暗示人们（主要指至少占自助市场 70% 份额的女性）有意识地选择了阻碍自己。它把我们放在一个"自我提升"的仓鼠转轮上，让我们不断地付出最大的努力跑出最快的速度，以"停止阻碍自己"。

这种做法既徒劳又令人心碎。在这场比赛中，最令人痛惜的牺牲品是我们的自信心，因为无论我们多努力、跑得多快，似乎都没办法"不阻碍自己"。最后，我们又一次感受到看似无休止的失败所带来的羞耻感，不得不去思考每个女性都习惯性地问自己的那个来自父权制的古老问题："我到底是哪里出了问题？"

我写这本书就是为了告诉你：你没有任何问题，你也没有阻碍自己。

阻碍我们的，是潜意识中的创伤所形成的无形监狱。这并非你的所作所为，也不是你的失败，更不是你的"问题"——它不是一个需要你"修正"的"思维模式"问题。创伤监狱就是通过阻碍我们来维持自身运转的。自助技巧不仅不能成为持久的解决方案，通常还会适得其反。摆脱无形的内在监狱的唯一途径是揭开并治愈建造这座监狱的创伤。

让我们来深入领会这一点。对于我、我的来访者以及其他每一个我曾与之交谈过的高成就女性来说，当我们想要更多却遇到无形的壁垒时，我们所感受到的痛苦便会因羞耻感而加剧。羞耻感持续不断地对我们进行攻击："我到底是哪里出了问题，为什么我不能马上摆脱它？我的生活很美好，为什么我就是不快乐？我有什么毛病？"或许，你也因为要抵御这些攻击而感到疲惫不堪。或许，你也一直在用工作、食物、购物、社交媒体或流媒体节目来逃避痛苦。或许对你来说，这种应对方式也导致了更多的羞耻感和更多饱含痛苦的质疑:"为什么我就不能放下勺子,把冰激凌放回冰箱?我到底是哪里出了问题?"

"我到底是哪里出了问题?"女性总是一次次地这样问自己。其他女性从不谈论自己的痛苦,所以我们总是感到孤独。事实上,因为她们的生活看起来如此美好,所以她们"理应"感到快乐,所以她们为自己的痛苦感到羞耻。这更加证实了我们最大的担忧——我们真的有问题。

我想通过本书向你传达的信息是——你没有任何问题。在我们的生活中存在着一些无形的、未被识别的创伤。创伤适应原本是为保护我们而发展起来的,如今却建造了一座看不见的内在监狱,使我们无法过上充实和精彩的生活。本书旨在帮助你看到那些无形的事物,这样你就能完成不可能的事情。它将照亮那些由创伤建造的无形的内在墙壁,并为你提供拆除墙壁的相应工具。

或许,你拿起这本书是因为觉得自己被困住了。你感到挫败、愤怒、倦怠、被无视、无助、羞愧、焦虑、抑郁、孤独、疲惫或不舒服。又或许,你拿起这本书是因为那些你没能感受到的事物。尽管你在事业、母亲身份和婚姻等所有的正确选项上都打了钩,但你并没有感觉到创造力、性和职业带给你的满足、快乐、平静和自在。

不管怎样,欢迎你加入越狱者姐妹联盟。

认识父权制应激障碍

当我开始接受"我可能也有创伤"时,一些线索就被串联起来了。

我想起小时候，每当父亲对我大吼大叫时，我就会僵住和哭泣。当我的上一任老板对我大吼大叫时，我也会僵住和哭泣。我已经习惯了情感虐待带来的创伤，感觉就像"家"一样熟悉，所以我从未考虑过要离开。我的监狱看守们确保了这一点：熟悉等于安全。它们在我的脑海中编造了一些故事，例如："这是你梦寐以求的工作。这是受人尊敬的工作。这个职位很抢手，每当出现空缺，就会有数百人来应聘。你不可能找到比这更好的工作了。"如果你曾身处一段虐待性的关系之中，或者认识曾处于这种关系之中的人，那么你一定要理解，虽然被虐待的人还留在原地，但这并不是她们的错。监狱看守才是我们留下来的原因，创伤才是罪魁祸首。

我还注意到，一些在传统定义下没有创伤史的女性也出现了创伤症状和创伤适应。这些女性有着非常支持她们的家庭，而且并不觉得自己经历过任何严重的不幸事件（无论是在情感、身体还是性方面）。在试图探究这些隐藏的创伤时，我不断发现有科学研究持续揭示和证实了创伤的代际传递——我们的DNA记录并传递了创伤经历。因此，对我而言，更多的线索被串联起来了。

几千年来，女性一直受到压迫。压迫是一种创伤。如果创伤可以遗传，或许能够解释为什么那些回忆不起任何创伤经历的女性，也会表现出创伤症状和创伤适应。

这个领悟非常重要。无形的创伤监狱不仅是由我们自己的经历建造的，事实上，我们天生就有创伤史和创伤适应。这种创伤适应是为了保障我们的安全而发展出来的，已经作为生存指南的一部分刻在了我们的 DNA 中。

对于生活在父权制下的女性来说，这些生存指南包括：要乖巧听话、不要太性感、不要太吵、不要太聪明、不要太有钱、不要太显眼、不要太强大。强大的女人要么被绑在火刑柱上烧死，要么正如我母亲曾警告我的那样——"没有人愿意娶你"。

一旦看到全体女性共有的这种普遍的、集体的创伤，我就无法再对其视而不见了。突然间，一切都说得通了。这就解释了为什么无论取得多大的成就，在个人成长方面做了多少努力，女性仍然会被内心的批评声折磨，无法持续地对自己感到满意。这也解释了为什么那些非常成功的女性也会有这种感受。美国著名女演员梅丽尔·斯特里普（Meryl Streep）在接受知名纪录片导演肯·伯恩斯（Ken Burns）的采访时谈到了自己的冒名顶替综合征[①]："你会百思不得其解，为什么还有人想在电影里再次看到我呢？而且我根本不会演戏，那么我为什么还在继续拍电影呢？"

这一发现非常重要。它就像人生拼图中缺失的那一块，有了它，不仅有助于创造自己想要的"美好生活"，还能让我们真正享受这种美好生活。有了它，我们就能停止与自己以及自己的身体作战，摆脱打着成就和自我提升名号的仓鼠转轮，最终在所有情况下都感到快乐和满足并自在地做自己。

[①] 冒名顶替综合征指一个人对自己的能力和成就感到怀疑，认为自己的成功是侥幸或欺骗所致，总是担心自己的"骗子"或"冒牌货"身份被揭穿。——译者注

除非我们能够找到并学会使用工具来治愈这种普遍的创伤，否则，女性在试图突破困境时总是会遭到阻碍，就好像这些全都是个人问题一样。然而，它们并不是个人问题。你没有任何问题。当我们以更大的视角看到这种共同的创伤时，意味着我们也要拿出与这个视角匹配的治愈方案。

为了帮助人们看到这种无形的创伤，我将其称为父权制应激障碍（Patriarchy Stress Disorder, PSD）。自从将这些线索串联起来后，我便通过播客、线下和线上访谈以及演讲，与成千上万名女性分享了我的发现（读者朋友们可以在我的网站 www.drvalerie.com 上找到这些内容）。我最常收到的反馈是："感谢上帝，终于有人把我这辈子一直都有却无法说清的感受表达了出来——总是怀疑自己究竟是哪里出了问题！"

这本书将帮助你识别这种无形的创伤，了解其症状和影响，并掌握治愈它的步骤。这样一来，你就能够成就不可能之事（在父权制下女性一直不可能实现的事情）：按照自己的意愿，获得真正、坦然的快乐、自由、充实和成功。

本书的真正主题

关于父权制文化和父权制应激障碍的讨论并不是在制造男女对立。在父权制的压迫体系中，无论是男性还是女性，都遭受了严重的创伤。加入父权制的代价是必须削足适履，去适应狭窄的性别定义以及随之而来的职责和期望，而这必然会压抑每个人的真实表达。

在性别谱系不同位置上的人们对此的体验各不相同，基于种族、性取向、身体健全度、社会经济地位以及其他特征的压迫经历形成了额外的创伤层次。本书的内容聚焦在女性的经历，以期帮助大家认识到父权制压迫所造成的创伤如何影响着我们，以及怎么做才能走向通往幸福和成就的道路。不过，我也希望本书能提供一些对全人类都有益的洞见、工具和策略，从而促进团结而非分裂。人人都有创伤，而本书旨在揭开创伤的面纱并发现治愈创伤的途径。

虽然本书的核心是女性的幸福感和成就感，但我们也可以从更大的视角来看待文化交流以及企业界因为缺乏创伤意识而付出的代价。在推进性别平等议程时，这一盲点可能在无形中导致了高成就女性职业倦怠率的飙升，并且在无意间对我们的健康、人际关系和幸福造成了一些令人痛苦的后果。举个令人心碎的例子，在撰写本书时，《财富》500强公司中女性CEO的数量在过去几个月内下降了50%，只剩不到5%。而在这5%中，只有一位女性属于有色人种。女性的赋权已经被父权制的主导文化把控，变成了给女性一个"机会"，从而把她们累垮：让她们在遵守父权制规则的同时更加努力地工作，做更多的事情。过去，他们把我们绑在火刑柱上烧死，而现在，他们把火把递给我们自己。

为了消灭在高成就女性群体中肆虐的倦怠感和不满意感，我们必须看到那些比外部的玻璃天花板更隐蔽的无形障碍。这些无形障碍阻挡了女性在工作、人际关系和健康等方面蓬勃发展。

本书将对压迫所造成的创伤进行剖析，从而使无形的障碍变得清晰可见——创伤如何进行代际传递，如何显现并影响我们，它让我们的生活、人际关系、组织和整个社会付出了什么代价，以及它如何具体地影响了女性。我将本书中的讨论聚焦在女性这一有史以来最大的受压迫群体，也就是我本人所处的这个群体身上。我希望本书所传达的信息能服务于每一个因种族、阶级、健康状况、性别认同和性取向而遭受压迫的群体及其盟友。有许多人隶属于多个曾在历史上遭受压迫的群体，因而承受了多层次的复杂创伤。我希望这本书中的信息能够为她们的旅程提供认可和帮助，并告诉她们——你没有任何问题。

本书中描述的治疗方法可以供任何性别的人使用。然而，在每个人的具体经历中，都掺杂着许多个体复杂性，因此，本书并不旨在诊断或治疗任何身体或心理疾病，我只是基于我自己以及我的来访者们的经验提出一些见解。当你开启自己的疗愈之旅时，我强烈建议你与受过身心创伤疗法专业培训的心理健康专家合作。我在自己的个人网站上提供了一些建议，希望这些信息可以帮助你找到相关的专业人士。

如果你的症状影响到了日常生活，请寻求医生或专家的帮助。本书不能替代任何医学干预或心理治疗，本书可以视作对专业治疗的一种补充。

此外，本书也不是对当今社会中的女性议题进行全面解构。既然你正在阅读本书，那说明你已经对这些女性议题有所察觉。我相信，社会变革与个人疗愈是密切相关的，即便如此，本书的侧重点仍在于后者。

除了受压迫的经历之外，每个人也都有创伤，其种类、严重程度和复杂性各不相同。我希望本书能让你有所获益：能够帮助你看到创伤在各种关系（与自己、伴侣、家人和同事的关系，以及与其他人的关系）

中所建立的无形的内在墙壁；能够帮助你用更丰富的同理心和慈悲心来看待自己和他人；能够激励你踏上越狱之旅并支持其他人越狱；能够开启一场越狱运动，治愈我们的人际关系、组织和文化，进而创造出一个支持每个人的幸福、成就、真实表达、安全和繁荣的世界。

制订越狱计划

本书详细阐述了越狱计划。我们将从父权制应激障碍的监狱出发，了解祖先、集体以及个人所受到的压迫创伤。由此，你将会逐渐看到这些监狱的围墙。

接下来，我们将探讨身体内部的创伤适应，这些创伤适应旨在保护我们的安全，我将它们称之为"监狱看守"。在学习识别这些看守的同时，我们也要感激它们的存在，并与它们建立友谊，逐步将它们转化为"保镖"。这样一来，它们就不会再将你关在监狱中来保护你，而是会护着你向内心最深处的渴望迈进。

然后，我们会挖掘通往自由的地道。我将向你一一展示应该如何安全地穿过并治愈那些阻碍你的来自个人、集体和遗传层面的创伤，并整合在挖掘工作所发现的宝藏里。

一旦突破障碍走向监狱外的生活，就再也没有固定的任务框需要勾选，也没有任何模式可供参考了。你将独自开拓新的疆域，并以真实欲望为向导、以快乐为燃料重新建立你的人际关系。

在本书的最后几章，我们将探讨越狱之后越狱者的生活、人际关系和工作是如何发生变化的。

我们生来就置身于由父权制价值理念所设计的祖先和集体创伤的监狱之中。在父权制下，女性经历的最深刻的创伤是被贬低：我们的生命、身体和思想都不如男人有价值——我们的价值相对较低。

受"无价值"的核心创伤影响，我们努力达成各种外部成就，在各种任务框中打钩。但是，这些成就却掩盖了我们的不快乐和不安，就像用漂亮的窗帘遮住监狱的铁栅栏一样。你拿起这本书是因为你发现，无论取得多少成就，你始终都会觉得自己还不够好。现在你知道了：这不是你的过错，也不是你的失败。

这本书是为那些不再满足于装点监狱牢房的女性所准备的。

我很喜欢你为自己的牢房所做的一切，它看起来相当精致，你和我一定读过同一本牢房装饰杂志。但现在，你已经准备好体验真正的生活了：体验外面那个世界里的鲜艳色彩、有质感的纹理以及诱人的芬芳。我很高兴你能和我一起越狱！

找回自己的力与美

你已经在生活中的某些地方窥见了这堵看不见的监狱墙壁。比如，当你在镜子中看到皱纹时会感到惴惴不安，开始考虑是否应该购买一种新的抗衰老面霜，是否要通过打肉毒杆菌或整形手术来抵御时光的流逝。或者，当你在工作环境中被忽视、不被重视，甚至无法充分展示自己的才华时却选择忍耐。又或者，你告诉自己，虽然在情感关系中并不幸福，但你至少还有一个伴侣。你努力地去做心理咨询、阅读自助书籍、参加个人成长工作坊和静修会，最终却发现自己被困在了"自我提升"的仓鼠转轮上，一圈又一圈地强迫性地重复着。

远在我意识到自己深陷这种循环之前，就已经在来访者身上看到了它。在左侧身体急刹车之前，我被困在了自己的仓鼠转轮里。我参加一个又一个个人成长工作坊，阅读大量的自助书籍，同时狂热地用更多的学位证书、家居装饰来装点我的牢房，企图逃脱"无价值感"给我带来的痛苦。

我的左侧身体揭露了真相：我没有感到自己在充分地活着，我没有过上完整的生活。

意识到这一点后，强烈的悲痛很快就涌上心头。在我身上到底发生了什么？在被卷入这个仓鼠转轮之前，我究竟是谁？我记不起来了。我渴望找回曾经的自己，弄明白我在哪里迷失了自己，以及在何时变成了一具行尸走肉。

我问自己，什么东西能带给我更多的舒适和愉悦？如果我可以按照自己喜欢的方式做任何事，我的生活会是什么模样？起初，我的内心非常保守地回答道："我将好好地利用自己的午休时间。当我需要上厕所的时候，我会直接起身去厕所，而不是一直忍到见完一个接一个来访者之后再去。我会到户外走走。我会每天都坚持运动。"

接着，我内心的声音变得更加贪婪："我要将每天长达 14 小时的工作时间缩短，这样我就会拥有更多的休息时间。"我的内心指引着我逐渐做出改变人生的决定："我将关掉我的私人执业诊所，这样我的工作范围将从小小的心理诊疗室扩展到全世界。我将与数以百万计的女性分享我想传达的信息。我将走上讲台，出版一本书，继而与有觉知的个人和公司合作，共同推动文化变革，支持人们在生活的各个领域取得成就与辉煌。"

于是，我听从了内心的声音，勇敢地向前迈步。我曾以为，那些由内在墙壁所围成的狭窄区域就是生命的全部，但这段旅程带我超越了无形的内在墙壁——不仅仅是对外部环境的超越，我的内心感受也发生了深刻的转变。每天早上睁开双眼时，我都感到十分愉悦。曾经用来麻痹痛苦的徒劳努力——工作、食物、酒精、压力、愤怒等——不再使我远离当下的生活。过去，我很少关注自己的身体，总是在自己的脑海里闲逛。如今，我真正地栖居在自己的身体里了。我能够更深刻地感受到快乐和喜悦，并以更强的韧性来应对挑战。

我的新生活诞生于我内心深处的真实欲望。为了接近它们，我需要穿过一重又一重监狱看守。父权制应激障碍确保这些欲望得到了很好的保护——在如今的父权制度下，没有什么比一个能触及自己欲望的女人更危险的存在了。

尽管我的头脑拼命地抵制每一个欲望，尖叫着说："你无法拥有这些，因为它们并不存在！"但我内心的欲望却回答道："好吧，也许你是对的，但我不会就此妥协。"

我持续不断地追随着我的快乐。随着时间的推移，我就像一只罗威纳犬^①一样对快乐坚定不移。

通过本书，我将向你展示如何像抓住生命之源一样坚守自己的快乐，因为你的生命确实取决于它。快乐使你与自己以及自己的欲望保持联结。快乐是你人生旅程的真正方向。快乐也是性生活不可或缺的灵药，同时还是强有力的抗衰剂。你的健康和幸福取决于它，你事业的成功与人际关系的和谐也取决于它。

当我允许自己被真实的欲望驱动时，生活中便涌现出超乎想象的机遇和关系。我从自己以及我的来访者的转变中学到了很多。所以，在当前的工作中，我非常乐意与那些想要从监狱中解脱出来的人分享这些经验和技巧。如今，我希望每个女性都能认识到自己真正的力与美，永远不要用它们去换取那些虚假的替代品，不要为了得到父权制试图高价卖给她们的那些东西，而忘记自己是多么强大和美丽的存在。

本书就诞生于这一欲望。

---

① 罗威纳犬是一种非常坚定、勇敢和专注的狗，同时也极易亲近人类。——译者注

第 一 章

在监狱中醒来

人们最恐惧的不是自身的不足，而是自身的力量超乎想象。造成恐惧的并非黑暗，而是我们的光芒。

——美国作家玛丽安娜·威廉姆森（Marianne Williamson）

莱斯利是她所在领域公认的专家。她在事业上很有雄心，想要将自己的才华和经验都倾注到事业中，因此，她不惜花费数万美元加入了一个事业策划小组（Mastermind）[①]——她知道这将有助于自己的事业。有一次，当她在小组中陈述了自己的事业规划后，另一个小组成员向她提供了一个非常符合她的技能和发展方向的工作机会。具体而言，他需要围绕一个新的产品线进行咨询，所以想付费请莱斯利给予指导，酬金为35万美元。

几周后，莱斯利将这件事告诉了我，但她紧接着就岔开了话题。我拦住跑题的她，问道："那个邀约怎么样了？"

"什么邀约？"

"那位男士邀请你为他的产品线做咨询。"

莱斯利沉默了。她在试着消化这件事。最终，她又问了我一遍："你是什么意思？"

"我的意思是，那位企业家开价35万美元请你为他做咨询，然后呢，你做了什么？"

---

① Mastermind 是指在美国流行的事业策划小组，通常由 5 位同行组成，他们定期会面，在事业上互相提供支持。——译者注

她停顿了一下，深吸了一口气，说道："我感谢了他，然后就把这件事忘了。我没有继续跟他交流，我什么都没做。"

我意识到，她没有将这份工作邀约当作一个真正的可能性来考虑，因此很快就开始自我否定——她并不觉得自己的专业知识与技能对他人具有很大的价值。

这就是创伤适应的运作方式。莱斯利觉得这份工作邀约超出了自己的能力范围，因此采用逃避的方式来应对。事实上，当她还在事业策划小组中与那位企业家交谈时，她就已经开始逃避了——她在脑海中撤离了这个场景，并彻底走神了。不久之后，她就忘记了这件事。

当创伤被触发时，它会把我们从大脑的前额叶皮层（我们的执行决策中心，以及逻辑和理性的所在地）劫持出去，并将我们径直丢到古老的后脑。在专注于生存的后脑这里，语言和概念都不存在，更不用说六位数的报价了。莱斯利的创伤被触发得如此彻底，以至于这份工作邀约几乎没有在她的前额叶皮层留下任何痕迹。

当创伤被触发时，战斗、逃跑或僵住这三种创伤反应就会被激活，以保障我们的安全。莱斯利便是进入了逃跑状态。

如果在故事最后，莱斯利重新联系那个企业家并接受他的工作邀约，那将会是一个美好的结局。事实上，在与我讨论过这件事之后，她的确重新与他取得了联系，而且他的工作邀约依然有效。但是，她最终还是拒绝了这份工作。这份工作是对她自身价值的认可，代表着她可以凭借自己的才能获得丰厚的报酬，然而，这与她的"无价值感"伤口不相容，所以她感到痛苦。于是，她的大脑编织了许多"合理"的故事，以使她远离这种不适感。她告诉自己："他并不是那么了解我，他会对我感到失望的。"她总结道："这项工作并不完全属于我的专业领域。"这些故事就像牢房的铁栅栏一样，保障了她的安全。熟悉等于安全，即使这个熟悉的地方是一座监狱。

我不禁好奇，如果莱斯利掌握了越狱工具，这个故事是否会迎来一个不同的结局。遗憾的是，我们永远无法知道答案。但我们可以肯定的是，大多数人都会做出和莱斯利一样的选择。尽管外面的新体验非常诱人，她们仍然会选择留在监狱里而不是越狱，会选择待在安全的现状里而不是冒险踏入新体验。他们会为自己的决策辩护，并深信自己的判断。

在意识层面，莱斯利认为自己是一个自信的女人，并对外展示了自己的自信。她也非常了解自己的才能和成就，并为之感到自豪。然而，她的潜意识却记住了另一个故事。在那个故事中，她的祖先因性别、种族以及所处的社会阶层而遭受压迫，女人的权力被视为一种应当受到惩罚的罪行。

无论我们如何努力改变和突破"观念模式"，潜意识总会占据上风。父权制应激障碍会利用它来破坏我们的成功和繁荣，以确保我们的生存。原因在于，无论何时，生存的优先级都比成功和繁荣更高。

在本书中，我们将看到，这个内在的监狱能够以多种面貌呈现，每一种面貌都有一个非常合乎逻辑的故事。监狱之外是我们完全无法理解的世界，因为它不能证实父权制应激障碍造成的"无价值感"伤口。因此，监狱保护着我们，使我们免受外部世界的荼毒。

内在监狱的构成

父权制应激障碍的监狱建造在一个深坑之上，这个深坑源于父权制对女性造成的原始创伤——"无价值"的伤口。几千年来，父权制不容置疑地告诉我们，女性的身体和思想都不如男性。我们试图逃避的，正是这个核心伤口所带来的痛苦。我们试图通过由事业、工作、关系、婚姻和家庭搭建的精密的脚手架向上攀登，不断地创造成就和里程碑。然而，尽管我们越爬越高，自由却并没有随之到来。

之后，脚手架崩塌了。

我们发现自己陷入了危机：在工作中发生了巨大的冲突，在生活中处于离婚的边缘，或者最终住进了医院。我们曾拼命远离深渊，现在却重重地跌入其中。

大部分来访者都是在他们的脚手架发生部分倒塌后来找我。如果我们拥有觉察能力、支持、指导以及正确的工具，那么，此时便是挖掘地道离开监狱的绝佳机会。当我们站在监狱的地板上，或者已经掉进深渊时，就会无比接近"无价值"的伤口，有机会去识别和治愈它。尽管创伤已经粉碎了构成我们真实性和完整性的宝藏，但此时的我们有能力重新找回这些宝藏。

我把这些创伤划分为三类：祖传的、集体的以及个人的。定义这三类创伤时，我们会发现，有些来自生活中的个人经历，使得我们无法充分展现真实的自我；另一些则作为父权制文化中女性的生存指南，由先辈们传给了我们。

所有创伤都会产生创伤适应，我称他们为"监狱看守"。尽管我们试图努力活得精彩，但它却令我们的身体和头脑处于警觉的生存模式下，以保障我们的安全。不过，当我们开始留意这些创伤适应是如何出现并对其进行观察，理解它们所服务的安全需求，进而为监狱看守创造必要的安全体验时，我们就有可能成功越狱。这样一来，监狱看守将允许并积极地支持我们踏上通向自由的安全之路。

在开始挖掘地道之前，我们必须环顾四周，以确认自己的准确位置。因此，当你准备踏出越狱的第一步时，我想先邀请你来探索一下自己所处的监狱是由什么构成的。这个过程将帮助你更好地了解自己的处境，并为接下来的行动提供更明智的指引。

祖传创伤

无形的内在监狱并非是在我们一生中逐渐建造出来的，实际上，我们出生时就已经身处其中了。而建造这座监狱的第一层创伤，很可能早已通过 DNA 传给了我们。

表观遗传学这门新科学向我们展示了基因表达所受的影响：基因表达会因环境变化和生活经历的影响而发生改变，而且这些改变是可以遗传的。越来越多的研究表明，创伤适应能够作为生存指南的一部分，通过基因世代相传。

一份针对患有创伤后应激障碍的军人的研究综述表明，创伤经历导致了可以遗传给后代的表观遗传变化。另一项研究发现，在卢旺达图西族遭遇种族大屠杀期间怀孕的妇女的孩子遗传了创伤诱导的表观遗传变化。还有其他研究发现，大屠杀幸存者的子女遗传了与父母当年所经历的应激反应相关的特征。

一项在老鼠身上进行的更有趣的实验发现，老鼠的后代可能会遗传祖先受到的创伤。不过，创伤并非来自种族灭绝或战争，而是来自轻微的电击以及与之相伴的樱花香气。

研究人员将樱花的香气吹进老鼠的笼子里，同时轻微电击老鼠的脚部，使得老鼠对这种气味产生了应激反应。之后，老鼠进行繁殖，并在不接触樱花香气的情况下饲养后代。

观察发现，在老鼠后代的脑部和鼻部中，专门用于检测樱花香气的神经元数量变多了。老鼠后代在接触到这种气味时，会变得焦虑和恐惧。老鼠再次繁殖后，樱花的香气在受创伤的老鼠的孙辈身上引发了同样的焦虑和恐惧反应。神经科学家们发现，表观遗传标记使创伤经历得以在几代老鼠之间传递，同时也能根据创伤适应来塑造它们的行为。

父权制应激障碍就是女性对"樱花香气"的恐惧。在经历了无数代的压迫创伤后，我们被教导要害怕的"樱花香气"是"展示我们的力量"，即不加掩饰地展示自己、真实地表达自己的才华和性感、感知并追逐自己的欲望。

女性的力量向来都被视为一种应受惩罚的罪行。在父权制社会中，女人若是引人注目总是不安全的。在过去，因为展示力量而被视为罪犯的女性曾被烧死、溺死和斩首。而现在，尽管女性可能不会因展示自身的力量而遭受直接的迫害，但我们毕竟来自我们的女性祖先，而她们所经历的创伤在我们身上产生了条件反射：不要去触碰"樱花"，因为这要么是危险的，要么是无法实现的。

父权制曾通过立法和社会规范控制女性的身体、发言权和收入，而这些压迫并非都是古老的历史。就拿美国来说，在 1988 年的《妇女商业所有权法》（*Women´s Business Ownership Act*）出台之前，女性在没有男性亲属签名的情况下是无法申请商业贷款的。许多女性权益，比如投票、受教育、就业机会、节育、堕胎、离婚、免受婚内强奸以及职场性骚扰的伤害等，都是在过去的 100 年内才确立的，其中大多数变革甚至发生在距今更近的时期。

近两三代人以来，社会逐渐朝性别平等的方向发生转变。如果人类与自己的父母和祖父母的联结至少像老鼠一样紧密，那么我们就能理解"樱花香气"（机会）给女性带来的压力。创伤传递有多种机制，除了我们在老鼠身上所看到的表观遗传机制，人类还有讲故事、家庭和文化编码等机制。与那些经历过短暂创伤的老鼠朋友不同的是，世世代代的女性持续承受着创伤。在当今社会，女性权益仍然面临着来自父权制现状的强大阻力。

这种创伤并不会随着外部环境的变化而消失。对于那些从未经历过电击的老鼠来说，樱花的香气同样会引发痛苦。为了保护我们，DNA 中的生存指令告诉我们必须做什么以及不该做什么。每一条这样的生存指令都源于一层创伤，它深刻地影响了我们的潜意识，让我们对可能性的认知变得更加狭隘，使我们无形的内在监狱变得更加狭小。

祖先的创伤并非源自个体生活中发生的事件，但我们却继承了它，并将其传递给后代——直到我们彻底治愈它为止。这种创伤虽然不是我们个人所"拥有"的，但却形塑了我们每个人在当今世界的表现。只有在我们治愈它时，才能真正终结创伤传递的循环。这不仅解放了自己，也解放了未来的几代人。

我们的潜意识已经基于祖先的创伤进行了编码，以保护我们不要过于成功、过于强大、过于富有或过于快乐。我们的潜意识已经沿着这些方向刻下了生存指令。我们必须乖乖地听话，少言寡语。为了被他人接纳，我们必须具有吸引力，但又不能太有吸引力，否则就可能被人轻视。我们不能争取升职机会，否则就可能被排挤。我们不能太聪明，否则男人可能就不会对我们感兴趣。我们也不能太性感，否则就可能遭受性侵。我们甚至不能太引人注目，否则就可能面临被迫害的危险。

从意识层面来说，你可能不相信以上任何一条来自父权制的戒律。但实际上，我们的潜意识在操控一切。神经科学家们发现，几乎所有的决策都是人们在潜意识中做出的，意识只是提供了一些合理化的解释而已。我们的潜意识植根于生存，它依照生存指令来运作。无论何时何地，生存都比活得精彩更为重要，因此，潜意识总是赢家。

以上只是一个非常简短的科学总结，揭穿了那些有害的自助论调。那些论调售出了许多"自我提升"的仓鼠转轮，让很多人相信她们"阻碍了自己"。事实上，我们并没有阻碍自己。一代又一代，我们被教导要害怕"樱花香气"。一旦了解这些信息和指令是如何产生、传播并影响我们的，我们就能够创造相应的疗愈条件来解决代际创伤。随着创伤被解决，潜意识就可以用来支持我们的梦想，而不是以保障安全之名行破坏梦想之实。现在，我们可以开始规划越狱的路线图了。

集体创伤

创伤控制我们的第一个策略是对祖先进行权力剥夺和迫害，第二个策略则是通过当代女性的集体经历来实现的。

在全球范围内，女性不仅遭受着割礼、童婚、性暴力等各种侵害，还面临着受教育权和经济权利被剥夺的困境。在沙特阿拉伯，女性直到2015年才首次获得投票权，2018年才获得驾驶权。每当我们打开电视或浏览社交媒体时，全世界女性的集体境况就会映入眼帘。这些故事触发了父权制应激障碍的原始伤口，即女性的价值相对较低。

在美国，尽管女性享有相对较多的权利和自由，但"无价值感"仍然通过经济和政治上的不平等以及社会规范传达给了我们。在职场上，工资差距一直存在。根据2019年美国妇女和家庭联盟（NPWF）关于性别和族裔工资差距的报告，即使做着同样的工作，白人非西班牙裔男性每赚1美元，拉美裔女性只能拿到53美分，而美国原住民女性、黑人女性、白人非西班牙裔女性和亚裔女性的工资分别为58美分、61美分、77美分和85美分。在创业领域，女性也面临着经济劣势。根据《财富》杂志报道，2018年，女性创业者仅获得了2.2%的风险投资资金。

在撰写本书时，美国的法律仍在通过限制堕胎权来控制女性的身体，与此同时，并没有任何法律允许政府监管男性的身体，因为这些法律主要是由男性制定的。尽管女性（尤其是有色人种女性）在立法机关中的占比正在逐步上升，但仍未达到与男性平等的地位。

父权制文化对女性发动的战争体现在社会规范中，这些规范根据特定的标准，如肤色、年龄、体重、体形和所谓的"女性"特质等，来评估和比较女性的价值。

因此，父权制应激障碍不仅意味着要承受来自外部因素的持续压力（这些因素控制我们的真实表达、规定我们的价值、限制我们获得政治和经济权利），还会不知不觉地内化为对女性的战争。在无形的内在创伤监狱中，监狱看守控制我们的真实表达，规定我们的价值并限制我们的机会。

父权制应激障碍在我们的潜意识中创造了一个关于"无价值"的蓝图，使我们很难积极地投入人际关系和商业领域，参与那些能够肯定自我价值的事情。

莱斯利的故事就是一个典型的例子，很好地说明了这种情况是如何发生的：我们会自动忽略任何与潜意识中的自我价值感不一致的事物。想想你接受赞美时的情形：你是否会躲避它们？你是否会急忙地回敬对方？你是否能够真正地接受这种赞美，承认它们准确、恰当、贴心地反映了你的力与美？

在接受方面遇到的挑战限制了女性的工作范围和影响力，限制了女性银行存款的增长，甚至限制了女性在合伙关系中所能体会到的亲密和愉悦。女性通常会破坏那些能够体现出自我价值的美好事物，因为它们与创伤导致的"无价值感"不协调。在莱斯利以及其他人的例子中，女性在试着去想象靠自己的专业技能获得极高的报酬时，头脑中产生了认知失调，因此最终选择了逃避。

在纪录片《成为沃伦·巴菲特》（*Becoming Warren Buffett*）中，

巴菲特谈到了这种文化规训所造成的条件反射。他说："我的姐妹们和我一样聪明，她们的性格甚至比我更好，但她们收到的信息是她们的未来是有限的，而我所接收的信息则是天空才是极限。这就是文化的力量。"

人们常常不自觉地相信父权制赋予男性的特权，因为他们在这样的文化中出生和长大：在《财富》500强公司中，95%的公司都由男性管理。在写作本书时，从美国建国到今天，所有的总统都是男性。尽管在毕业典礼致辞以及社交媒体中总是流传着关于女性赋权的漂亮话，但只要女性不能在权力场所中获得一席之地，我们所收到的信息和暗示就会一直是"你的价值更低"。

有研究揭示了这些信息是如何在我们年幼的时候就对我们产生影响的。实验人员给5岁、6岁和7岁的孩子们读了一些故事，这些故事中的主角被形容为"非常非常聪明"。故事描述道："这个人能够迅速地想出做事的方法，并且能够比别人更快、更好地想出答案。这个人真的非常非常聪明。"故事并没有提及主角的性别。

在5岁时，男孩和女孩都有可能将主角的性别与自己的性别联系起来。但是到了6岁或7岁，也就是孩子们开始在学校里展开社交生活时，女孩们会普遍地把主角的性别认定为男性。这说明，将聪明才智视为男性特征的社会刻板印象已经深深地烙印在她们心中。

值得注意的是，这项研究并非发表于20世纪50年代，而是发表于2017年。

另一项研究发现，如果女性在参加数学考试前的几秒钟经历了来自男性的物化凝视，他们的考试成绩将会受到负面影响。该研究还发现，男性在经历了来自女性的物化凝视后，他们的表现并没有受到任何负面影响。

考虑到女性普遍经历过这种持续的物化给自己造成的文化创伤，我相信这项研究只是让我们窥见了问题的冰山一角，从而帮助我们认识到这种文化创伤对女性的职业表现和身心健康有着广泛影响。

在各种专业领域，有意识和无意识的性别偏见都会导致文化创伤，给女性的生产力、创造力和幸福感带来日复一日的伤害。一位工程师曾描述过她向老板做报告的经历，而她得到的唯一反馈居然与报告内容无关："你需要改变幻灯片的颜色，粉色不是与工程相关的颜色。"这种沟通表现出植根于其无意识中的性别偏见——女性不能成为工程师，不要让我们意识到你是女性。

随着时间的推移，女性逐渐发展出多层次的创伤适应，以保护自己免受文化创伤的伤害。这些创伤适应帮助我们容忍充满敌意的环境，因为我们逐渐认识到，这是在父权制社会中获得成功的必要条件。成功的女性经常采用的适应方式包括长期处于高压状态、过度工作，以及无意识地将自己的思维、行为和生活方式塑造成男性的模样。然而，这些适应方式必然会带来一系列问题，如睡眠和体重问题、肾上腺和甲状腺问题、乳腺和生殖系统问题、焦虑、抑郁和成瘾等。此外，还有育儿问题、与孩子和伴侣的关系紧张、性生活无趣或令人不满意，以及用充满副作用的处方药来掩盖症状……这些都是高成就女性所付出的"成功的代价"，令人感到忧心。

与父权制应激障碍相关的创伤适应所带来的最惊人的代价是生活的

麻木：它们使我们与自己的真实本质脱节，并将一部分真实自我抛诸脑后。这些被忽视的部分与父权制的监狱格格不入，最终，它们就像幻灯片上的粉红色一样，被从我们真实完整的自我中剔除了。

个人创伤

美国心理学会将创伤定义为"对可怕事件（如事故、强奸或自然灾害）的情感反应"。此外，不良的童年经历（Adverse Childhood Experiences, ACEs）也被视为创伤。这些经历包括：遭受身体、性和情感虐待；遭受身体和情感忽视，接触到的一些成年人被判入狱、患有精神疾病、药物滥用或使用家庭暴力，父母分居或离婚，遭受贫穷、霸凌、社区暴力和歧视。

我在前文提供的创伤定义涵盖了更广泛的体验：创伤是任何令你在充分表达真实自我的过程中感到不安全并导致你为了保护自己而发展出创伤适应的事件或情境。

我们都有过被他人拒绝、忽视、咆哮或批评的经历，没有人能幸免于难。在父母患有抑郁症或父母有巨大压力的家庭中长大，会使我们在充分而真实的表达中感到不安全。此时，我们的创伤适应可能会表现为退缩和卑微，因为担心不受欢迎，或因被拒绝、被批评而感到痛苦。

许多来找我做心理咨询的来访者，一开始并不觉得自己经历过创伤。她们解释说，自己有着充满美好回忆的童年。但当我们开始一起挖掘时，却发现了一些使她们感到被拒绝、被忽视，或者在某种程度上感到不安全的经历。

　　每一次这样的经历都是一个绳结，所有这些经历共同织成了一张阻碍她们前进的网。

　　即使是看似无足轻重或正常的经历，也能够决定我们的思想、行为和选择。它们就是我们在触摸"樱花"时所受到的轻微电击。我们往往不会将这些经历视为创伤，因为它们司空见惯且看似无害。这无非就是生活！但事实证明，生活中包含大量的创伤，而每当我们对这些经历有所觉察时，就赢得了一次治愈的机会。

　　有时候，当来访者找到我时，她们已经对自己过去的创伤经历有所察觉。但是，她们认为自己已经"看开了""处理了"或者"修通了"这些创伤——因为她们在以往的心理咨询中谈到过这些创伤。然而，只是谈论创伤经历并不能真正走出创伤，因为它们已经成为我们身体的一部分了——它们被刻印在与该创伤事件或经历紧密相连的神经系统反应中。

　　身体记住了那种不安全感。每当创伤被触发时，身体都会向我们发出警示信号。大脑可能会编造故事、制造解释并进行合理化，但是身体从不说谎。

　　在治愈创伤的过程中，我们需要让身体的智慧、记忆和智能都参与其中，引导我们走向自由。

监狱的安全系统

正如创伤后应激障碍是在经历创伤之后发展而成的一样，父权制应激障碍也是由多个层面的创伤构成的：祖传的创伤、女性的集体创伤以及个人的创伤。在这个世界上，身为女性，向来都是不安全的。

我们必须明白，当前对我们造成伤害的不是创伤本身，而是我们的创伤适应——那些为应对遗传、集体和个人创伤经历而形成的防御。其中一些创伤适应已经成为我们的日常伙伴，比如，高压会使神经系统处于持续的过度警觉状态，随时准备战斗或逃跑以保证我们的安全。另一些创伤适应则会因特定的创伤被触发而激活，例如，即将到来的公开演讲机会使你联想到一些祖传的、集体的或个人的创伤（比如，女性被禁止表达或展现自我）。这些创伤适应可能表现为拖延、焦虑和各种形式的自我破坏行为，尽管它们的本来目的是保护我们免受潜在危险的伤害。

我把这些防御称为"监狱看守"。虽然它们的职责是保障我们的安全，但它们实现这一点的方式却值得商榷：以牺牲我们的精彩人生为代价，将我们禁锢在生存状态。这些看守告诉我们，处在我们的受压迫史所框定的范围内更安全。

我们的思想、身体和行动联合起来，共同维系这种安全。

我们的头脑编织出一系列故事阻止我们越狱。这些故事充满自我否定、自我怀疑、缺乏自信和自尊以及冒名顶替综合征。"你以为你是谁？你是个骗子！你永远不会成功！"我们的头脑制造了这些故事，以阻止我们实现自己的目标、梦想和欲望——因为这样做会让我们脱离安全而确定的父权制应激障碍监狱，进入危险的外部世界。

监狱安全系统的另一个层面体现在我们的行动领域。这里的监狱看守总是分心、拖延、无所作为或实施各种自我破坏行为。成瘾行为也属于这一类——暴饮暴食、过度工作、过量饮酒、过度消费、过度运动或沉溺于流媒体节目。这些行为将我们安全地囚禁起来。

在思维方式上所做的努力无法帮助我们越狱。个人成长研讨会、赋权计划和自助书籍可能会敦促我们积极思考、说肯定的话并迅速采取行动。这些颇为流行的方法总是主张我们应该突破防御。它们告诉我们，如果能改变自己的思维方式，就能做成任何事情。但是，这些方法忽略了一个非常重要的事实：我们防御系统的存在是有原因的。这个原因就是自我保护、生存和安全。

我们的防御系统非常复杂。如果思想或行动层面的防御措施失败，就需要通过其他手段来确保生存。我们或许能够改变自己的思维方式，但这时监狱看守就会发出警报：出现了安全漏洞！我们需要增援！于是，更多的监狱看守就会赶来支援。

当突破越来越多的防御时，我们的神经系统所承受的代价也会增多。监狱看守在身体层面表现为身体不适、焦虑、抑郁、肾上腺疲劳、睡眠障碍和压力成瘾（无法放慢速度或停下来放松）。我们原以为这些故事只存在于头脑中，但它们逐渐转变成一些躯体化症状，通过各种各样的压力反应表现出来。

对于高成就女性来说，这通常会变成健康问题。我们在思想和行动层面挣扎着突破防御——自我怀疑、自我嘲讽或者大声宣告：我不管，我就是要做这件事，明白吗？许多教练和"个人成长"方法主张将恐惧视为敌人，鼓动女性努力面对它，以实现自我突破。一些高成就女性遵循这些误导性的策略，不停地努力突破，直到她们的肾上腺功能耗竭，直到她们的健康崩溃。于是，一系列症状蜂拥而至：从疲劳到荷尔蒙失调，再到自身免疫问题。

与压力有关的疾病和创伤有着直接的联系。压力是神经系统对创伤的适应，它使我们处于高度警觉和过度激活的状态，以确保我们始终能够对周遭的不安全有所察觉。我们甚至常常不觉得自己处在压力之下，因为我们出生在监狱中，早就遗传了这种创伤适应。在我们的健康开始出现裂痕前，高压只不过是一种再正常不过的感觉而已。

我们必须扑灭它们递给我们的火把。在接下来的章节中，我将逐步向你展示如何安全有效地做到这一点——不做任何牺牲，却能拿回更多的时间和生产力。

不安全经历与身体反应

当面临威胁时，身体会做出战斗、逃跑或僵住的反应。无论是在个人还是集体层面，我们的神经系统都会将创伤经历归入"威胁"的范畴。如果某种情境的某个方面具有这种威胁的味道（比如，有些东西看起来、听起来、闻起来、尝起来、感觉起来很像威胁），生存本能就会被触发，神经系统就会被激活，我们会再次进入战斗、逃跑或僵住状态。

我们并不总是能在意识层面察觉到什么东西对自身有威胁。无论是走在大街上还是乘坐出租车时，我们都会保持警惕，时刻提心吊胆。当我们打开电视时，也会做好承受痛苦的心理准备，因为电视上充斥着这样的新闻：绑架、强奸和谋杀妇女，关于妇女权益的辩论，以及管控着女性身体的美容业宣传。

对于女性来说，在自己的身体内部或外部世界感到不安全是一种常态。因此，我们的神经系统一直处于高度激活状态，进而转化成慢性压力，并很有可能导致慢性疾病。

追踪我们的反应

思想会解释身体的感受。在思想与身体这两者之中，最先出现的不是我们的想法，而是我们的身体感受。思想扮演着追随者的角色，负责从我们的感受中找出意义。

想象一下，一只球正向你飞来。虽然你没有意识到球的出现，但是你的身体会本能地转向球并接住它。你的身体首先做出反应，然后头脑开始解释刚刚发生的事情："这是一只球，它是从那边飞过来的，肯定有人在玩接球游戏。"

当你的身体处于战斗状态，头脑就会构建一个故事，为这种状态辩护并助长其气焰。因为这种状态最初是为了保护自我而被触发的，所以你的头脑会发出指令接住这个球并随之飞奔。头脑用来支持这种状态的最佳策略之一是告诉你一个煽动性的故事。例如，当与丈夫争吵时，你的头脑可能会说："这是他的错。他总是把自己放在第一位，他从来不听我的话，他可能有外遇。"在战斗模式下，你的头脑极具煽动性，不断地怂恿你攻击对方。

我们的头脑在逃跑模式下讲述的是从现实中脱离的故事。比如，对许多女性来说，处理财务问题会让她们感到不自在。有时候，你甚至都不怎么查看银行账户，因为进进出出的钱会让你倍感压力。此时，你的头脑可能会编织这样的故事："我打算待会再弄。我不擅长处理电子表格。"

当你的身体经历僵住状态时，头脑会用一个支持性的故事来解释这种经历。它会告诉你："别做这件事。反正你会失败的，所以这没有任何意义。"

让我们来看看慢性神经系统激活后所引起的两种非常普遍的心理病症。

焦虑和抑郁

焦虑就像嘎嘎作响的锅盖一样，盖住了沸腾的锅里所承载的真实欲望。这个锅盖是由父权制应激障碍放置并固定在那里的，它存在已久，以至于你都不知道锅里装了些什么。有时，你会从锅盖下嗅到一缕美味，它像樱花的香气一样让你感到非常危险。于是，锅盖被固定得更紧了。

锅盖在嘎嘎作响——这就是你意识到的"问题"。它让你焦躁不安，于是你只想让它停下来。你没有掀开盖子往里面看，而是专注于摆脱这恼人的声音。这就是焦虑。

焦虑与神经系统的战斗和逃跑反应有关，是一种高度警觉的状态。它的本意是通过不断预测危险来保护我们。战斗或逃跑反应敦促我们采取行动，但锅盖扼杀了我们的反应。

抑郁与僵住反应有关。这种慢性僵住状态是一种创伤适应，是我们的身体应对高水平的慢性激活时所陷入的一种状态。它使我们在痛苦中感到麻木。

抑郁也是一种冷漠的状态。起初，它以创伤防御的面貌出现，意在防止我们被看似无法达成的愿望和梦想困扰。抑郁始于一个让我们心碎、失望或悲痛的激活事件，之后，它就有了自己的生命。我们因陷入悲伤而感到痛苦，而冷漠能使我们摆脱这种痛苦。在抑郁状态下，我们无法使自己行动起来，因此它保护了我们免受再次伤害。

虽然我们非常想摆脱充满痛苦的抑郁状态，但我们的某些部分却因瘫痪而感到安慰。

抑郁时，我们很难唤起能量。我们的身体感到沉重和疲惫，而我们的思想则进一步强化了这种状态——起床有什么用呢？何必自找麻烦呢？

这就是创伤所做的事情。它使我们与自己的生命力脱节，将我们的情绪和欲望变成不安全的存在。

焦虑和抑郁都源于监狱看守的所作所为，它们通过焦虑中的烦躁和抑郁中的冷漠把我们"安全"地囚禁起来。

这两种状况都显示我们已经与自己真正的欲望脱节。这是父权制应激障碍创伤造成的一大后果：它决定了什么是安全的，什么是不安全的，并创造了一种环境，使我们无法真正接近自身欲望的核心。

写日记

你在忍受什么？

要看清不同形式的创伤如何在我们的生活中运作可能很困难，因为这些运作方式往往是根深蒂固的。我们在生活中所容忍的部分给我们提供了最大的线索之一：在什么情况下你会感到有些不自在？你在忍受什么？为什么？请花几分钟时间思考上述问题。然后，你会在自己的答案中看到监狱墙壁的轮廓开始显现。

你最深切的欲望是什么？

监狱看守们知道：对于父权制来说，一个触及自己欲望的女人是最危险的存在。因此，监狱看守保护着你，不让你与内心最深处的欲望建立联系。在 www.drvalerie.com 所列出的补充材料中，你可以找到相关的冥想来引导你联结自己的欲望。

在聆听冥想指导语时，留意那些阻碍你与内心的欲望建立联结的监狱看守。向它们问好，要明白它们之所以存在，是为了保护你的安全。在本书中，我们将与它们一起合作。

冥想结束后，记录下你发现的任何能引导你找到自己欲望的线索。不要自我审查，也不要删减任何内容。没有什么是愚蠢的或离谱的。监狱看守会通过讲故事或使你分心的任何方式来打断你，阻止你了解自己的真正欲望。因此，一旦留意到它们出现就记录下来。

你可能会发现，当你试图与自己的欲望建立联结时，什么都没有发生。但这也是一个胜利，因为它提供了关于监狱看守的有用信息：你的欲望如此庞大和危险，所以它们得到了非常好的保护。随着本书的展开，我们将逐渐学会与监狱看守合作。我非常鼓励大家时不时地重温这个冥想练习，观察自己的体验是如何发生变化的。每当发现一个正在保护自身欲望的监狱看守，或者一个正在引导你接近自身欲望的线索，都是一个重大胜利。

触摸生命中的快乐和痛苦

15 年的心理咨询工作让我意识到，不管是抑郁、焦虑，还是成瘾、人际关系和自尊问题，其背后都有某种形式的创伤存在。

从长远来看，伤害我们的不是创伤本身，而是我们发展出的防御、适应，以及各种复杂的应对机制。这些机制虽然保护了我们不再触及创伤，但同时也使我们无法感受到快乐、狂喜、幸福、满足和愉悦。原因在于，我们感受愉悦、快乐和满足的能力等同于我们感受悲伤、丧失和难过的能力。

正如我们之前所看到的，这些保护机制确保了我们的安全，所以我们不能轻易地推翻它们。如果我们试图这样做，系统中的其他事物可能会令我们的努力适得其反。然而，当这些防御者被激活时，真正的改变并不会发生。唯一能创造出持久改变的方法是建立安全感，使监狱看守从它们的职责中解脱出来。

我们可以使用基于心理学、生物学和神经科学的工具，帮助监狱看守转变成保镖，创造具身（embodiment）[①]的安全。如果我们能够做到这一点，监狱看守的工作职责就会发生变化：它们不再通过把我们关起来保护我们的安全，而是在成长和变化的过程中保护我们，使我们能够在生活中创造和体验我们所渴望的事物，并且在这一过程中感到安全。

越狱系统源自我的疗愈之旅。在旅程中，我有幸能向心理健康、疗愈和创伤治疗领域的各位身心疗法先驱者学习。

具身的力量

在进入哥伦比亚大学的心理咨询硕士项目学习时，我经历过两次抑郁症发作。从统计学的角度看，我在5年内复发的可能性为80%。我担心抑郁症会成为自己的无期徒刑。与此同时，我也在与无法承受的焦虑和惊恐发作进行斗争。每当在课堂上举手时，我就会疯狂出汗、心跳加速，思绪仿佛离我而去，我自己似乎也离开了这具身体。

---

① 具身指的是将抽象的概念、思想或情感转变成具体的身体体验和行动。——译者注

当然，我当时也在接受心理咨询。虽然因此获得了一些洞察力，但我的症状并没有缓解，反而变得更糟了。没错，每周花 45 分钟与心理咨询师分享我的问题是一件很好的事情。但实际上，即使我正在接受培训成为一名心理咨询师，同时不间断地每周做一次心理咨询，可我的情况并没有得到任何改善，这让我觉得自己是一个彻头彻尾的失败者。

健身让我感觉好受了一些。当时，我在父权制应激障碍牢房里专注地搭建的脚手架全都与外貌和体重有关。我对自己的认可是"有条件的"：要把体重维持在 110 斤以下。有一天，在健身房的椭圆机上锻炼时，我透过面前的玻璃墙观察着对面房间里正在进行的瑜伽课。从未上过瑜伽课的我感到很好奇。那些拥有零号身材①的女孩们正在做各种疯狂的弯曲动作，看起来如此性感。我也想那样做，我也想成为那样的人，于是我去上了人生中第一堂瑜伽课。然而，仅仅几分钟后，我便惊慌失措地冲出了教室。

事实证明，我无法就一个姿势坚持 5 个呼吸以上的时间。这些姿势并不难，客观地说，从身体层面看，我完全可以做到，但我的思绪却在飞速运转。每个姿势都在邀请我进入自己的身体，但试图进入身体并跟随自己的呼吸使我产生了恐慌。那里没有安全感，所以我必须离开。

然而，过了一会儿，我还是返回了瑜伽教室。也许是因为我想成为性感柔韧的零号女孩，也许是因为我想挑战自己，也许是出于直

---

① 零号尺码是美国服装标准中的最小号。这里的零号身材指的是那些身材苗条、纤细的女孩。——译者注

觉——总之，我又回到了瑜伽垫上。在最终走出教室之前，我完成了更多的练习。

我一次又一次地重复着这个过程，直到有一天，我完成了整堂课的练习，并在最后的放松姿势萨瓦萨那（savasana）中落地。我感到前所未有的深度放松。这是一种全新的体验：在自己的身体里感到安全和舒适。我想要更多地体验这种感觉，以至于不久之后，我完成了一个瑜伽教师培训课程。

通过定期练习瑜伽，再结合一些具体的具身创伤治疗工具，我的焦虑问题得到了解决。而且，即使在过去20年里没有进行任何心理治疗或药物治疗，我的抑郁症也从未复发。

回归身体，让身体成为我的朋友和安全之地是需要时间的。但即便只是意识到多年来我并没有真正地生活在自己的身体里，也是疗愈旅程中的一个关键时刻。

具身的感觉到底是什么样的？

还记得你享受过的最美好的度假时光吗？也许你去了海滩，感受到了脚趾间的沙粒。你能闻到大海的细节：咸咸的海水、柔软的海草和滑溜溜的鱼。你听到了海浪的声音，它们一个接一个地翻滚而来，疯狂地拍打着海岸。通过自己的感官，你与周围的一切都有了独特的联结。你在自己的身体里感受到了这一切。

想象一下，在度假结束回到家后的很长一段时间里，你依然能体验到这种感受和联结。这就是具身体验：对感官环境和内在情绪变化的觉察。

在我的具身之旅开始时，我意识到自己已经好多年没有体会过这种感觉了。有一些死气沉沉的、机械化的东西萦绕着我，使我无法完全投入。创伤让人觉得待在自己的身体里是不安全的，只有我们的头脑才是一个很好的避难所。

对我来说，上一次感到充满活力是什么时候呢？那时我19岁，穿着和表达都很自由。我感到无拘无束，不担心自己是否符合大众的期待。我颇具冒险精神，对这个世界抱持开放的态度，因此我愿意积极地抓住机会。我很有创造力，写了很多诗。我的真实自我占据了内心的大部分空间。

我想，为什么是19岁呢？为什么那是我记忆中最后一次拥有充满活力的感觉呢？

19岁时，我经历了生命中的第一次性创伤——在不情愿的情况下被迫发生了性行为。他使用了操纵和胁迫的手段，效果显著。为了忍受当时的情况，我不得不将自身的一部分关闭起来，也不得不脱离自己的躯体。我的身体已经成为不安全的地方，我不得不离开它，去头脑中避难。这就像咬了一口毒苹果之后陷入沉睡。

我曾与多位心理咨询师谈论过这段经历，但我始终保持着脱离躯体的状态，牢牢地扎根在自己的头脑中。平心而论，脱离躯体是我们社会的常态。作为从事创伤治疗的心理咨询师，如果没有治疗过自己的躯体脱离，就无法识别和处理来访者的躯体脱离。

从那堂瑜伽课开始，我踏上了漫长的旅程。我开始向身心创伤治疗的先驱者学习，重新学会具身地生活，在身体里感到安全、生机勃勃和愉悦，摆脱焦虑和抑郁的困扰，享受深度的亲密关系，并将我的精力和才能投入有意义的工作中。在这本书里，我想与你分享自己在旅途中的发现，探讨创伤监狱的本质以及如何解放自己。我希望你也能感受到自己真正的力量。

这种力量不是通过强迫自己突破防御获得的。这种力量来自认识到无形的内在监狱的存在，与自己的欲望联结，并培养内在的安全感，继而从旧创伤的束缚中越狱，进入具身的、有能力掌控自己命运的外部生活。

第 二 章

———

遇见监狱看守

创伤削减了我们的光芒，缩小了我们的空间……就像将我们的整个生活都塞进了塑身内衣。

——美国身心灵教练伯纳黛特·普莱曾特（Bernadette Pleasant）

处在异性恋关系中的男性很少主动寻求心理咨询。但是，埃莉诺的丈夫基思却主动找到了我。他表示，虽然他和埃莉诺很相爱，但两人之间却存在着一种他无法理解的巨大的疏离感，这令他感到担忧。

他们已经为此采取了一些行动：从城市搬到郊区，买了一栋足以容纳一大家子人的大房子。然而，每当基思提起生孩子的话题时，埃莉诺就会僵住，拒绝参与这个话题。

当埃莉诺来到心理咨询室与我讨论这件事时，她承认自己想要生孩子，但又为此感到害怕。她所有的朋友都有自己的孩子，这让她感到越来越孤独，越来越陷入自己内心的痛苦之中：一方面渴望成为母亲，另一方面又对这种可能性感到恐惧。她感到困顿和束手无策，对此基思也感到无助。他们在关系中变得越来越孤立、越来越疏远。

在工作中，埃莉诺也陷入了困境。她是一个有才华的专业人士，但她觉得自己的才华被束缚了。管理部门拒绝给予她自由和信任，这使她无法发挥创造力，也难以实现自己的愿景。除此之外，她与同事之间也存在诸多矛盾。

她渐渐养成了一个应对痛苦的习惯（她的家族一直都是这样做的）——在一天快结束时喝一些酒让自己感到放松。每天晚上她都会喝上几杯，有时候甚至会喝得更多。这是一个用来麻痹疼痛的日常仪式。这使她在工作和关系中感到麻木，失去了对自己欲望的感知。

面对这些问题，喝酒是一个很好的应对方法，因为它使某些事情变得不可能，比如做母亲这件事。埃莉诺是一个负责任的女人，她不会在自己有酒精依赖的情况下考虑怀孕。所以，喝酒具有多重作用：既麻痹了她的痛苦，也使她将生孩子的选择束之高阁。

埃莉诺变得越来越喜怒无常。她喝得越多，就越是感到孤立。她喝酒不是为了快乐，也不是为了与他人建立联结，而是为了麻痹自己。她的欲望令她感到格外痛苦，因此她通过喝酒切断与它们的联结。

但埃莉诺和基思并不是为了解决酗酒问题来找我的，他们想要理解为什么做母亲这件事会让埃莉诺陷入矛盾之中，以及他们之间为什么缺乏亲密。这些问题让他们感到非常担忧。基思十分支持埃莉诺，在一次治疗中对她说："如果你真的不想生孩子，这不会影响我们之间的关系。我完全支持你按照自己觉得正确和真实的想法来做决定。"

问题是，埃莉诺无法说出什么能令她感到正确和真实。她与自己的感受脱节太久了，以至于不觉得有资格去追求自己的真实欲望。由于她已经结婚了，所以大家自然而然地期望她能成为一位母亲，但她根本不知道成为母亲是否适合自己，这让她感到压力巨大。她继续喝酒，以逃避那些她觉得无法解决的问题。

有一句苏格兰谚语是这么说的：他们谈论我的饮酒问题，但从不提及我的渴望。

我想了解她的渴望。

痛苦和欲望可以共存。痛苦源于需求得不到满足，以及随之而来的恐惧：担心它们永远无法被满足。那么，为什么还要面对痛苦呢？让我们干脆与它断开联结吧。然而，只有深入痛苦，才能解锁其背后的欲望。

显而易见，要想走进自己的痛苦，埃莉诺必须能够与当下的自己相处。要做到这一点，她需要保持足够长时间的注意力，以与自己建立联结。然而，她在这方面遇到了许多困难。她在咨询中呈现的防御机制十分精密复杂且训练有素。在我们的部分谈话中，她表现出了成年人的样子：能言善辩、聪明灵巧、才华横溢。但在感到不舒服的时候，她会变得像一个5岁的孩子：虽然感到慌张和不舒服，但依然呈现出讨人喜欢的模样，以一种可爱的方式忘记了我们刚刚谈论的内容。

这些迹象让我意识到，埃莉诺很可能在5岁左右遭受过创伤。然而，她还没有准备好去面对它。她很难在当下保持对身体的关注，因此无法培养出面对创伤的能力。于是，我建议她去参加瑜伽课程。

在一周后的咨询中，她坐下来看着我的眼睛，脱口而出："这就是我不去上瑜伽课的原因。"她从包里拿出一张传单，上面有一个零号身材女孩在倒立着做高难度的蝎子式瑜伽动作。埃莉诺是一个身材丰满的女人，因此她觉得那张广告传单羞辱了自己。

我感谢她与我分享这些想法和感受。接着，我与她分享了自己的故事，告诉她我是如何坚持完成自己的瑜伽课的。我鼓励她去找一家不会这样宣传自己的瑜伽馆，参加恢复性、治疗性或初学者的课程。我还建议她将瑜伽垫放在门口，这样她就可以随时离开。她甚至可以告诉老师这是她的第一堂瑜伽课，如果感到太累，她可能需要随时离开。我知道，埃莉诺可以通过这些步骤慢慢地建立她需要的安全感。

她找到了令自己感到舒适的瑜伽馆，那里的瑜伽老师非常优秀。她开始定期练习，并尝试运用我在心理咨询中教给她的工具创造出具身的安全感。

渐渐地，埃莉诺培养出了处理童年创伤的能力（以前的她并未意识到自己具备这种能力）。踏上创伤疗愈之旅后，她逐渐开启了更多潜能，与她的自我以及内心的欲望建立了联结，并开始尝试与欲望有关的探索性对话。在深入挖掘的过程中，她越来越清晰地认识到，酗酒行为阻碍了她追求自己想要的东西。

然而，成瘾并不会因为我们希望它消失而消失。

当埃莉诺表达了想要戒酒的愿望时，她感到极度恐惧，以至于惊恐发作、全身颤抖。她要放弃的是那个一直在帮助她掩盖焦虑、处理痛苦，并让她免受失败之苦的安全保障。我们之前讨论过参加戒酒康复治疗的可能性，但埃莉诺担心自己无法坚持下去。她忍不住去想，如果她放弃喝酒，接下来会怎样呢？

基思也参与了这次咨询。我问埃莉诺："你信任自己身边的这个人吗？"基思陪伴着她度过了整个旅程，支持她做出任何属于自己的选择，且从未评判过她。

"是的。"她回答道。

"那么，是时候将你的自由意志委托给他，允许他带你进行康复治疗了。"

于是，埃莉诺开始尝试允许自己放下控制。她在康复中心努力配合治疗，回来后继续使用我们一直在练习的工具。她做了一些非常出色的整合工作，与基思共同渡过了这一难关。她能够用瑜伽和体育锻炼等健康的、支持性的行为代替过去使用的安全保障（饮酒）。埃莉诺与基思一起散步和做饭，彼此的关系变得更加亲密。他们重新坠入了爱河。

在工作中，埃莉诺感到更加投入和满足。曾经的她需要将自己隐藏起来，由此带来的羞耻感像一堵无形的墙遮住了她的光芒。如今的她再也不需要隐藏自己，相反，她可以更真实地展示自我了。她能够与同事建立联结和合作，并与管理人员一起熟练且有效地解决问题。这不仅带来了双赢，还给她提供了更多机会来表达自己的愿景和发挥自己的才能。她因此而感到更加快乐，这反过来让她为工作投入了更多热情。

戒酒几个月后，夫妻两人与我分享了喜讯：埃莉诺怀孕了，生下了一个漂亮的女婴。

随着埃莉诺获得痊愈，她逐渐明白，自己所有的恐惧和焦虑都与现实无关。多年来，她一直被未能解决的问题折磨，对自己的强烈渴望感到内疚，为自己对不知道是否能得到的事物的渴望感到困惑。

通过与自己重新联结，并与需要被治愈的内在小孩建立联结，她逐渐走上了康复之路。这种转变是令人惊叹的。如今的她不再自我隔离，在工作、家庭和婚姻中，都能更加真实地展现自我。

她的伴侣基思以一种不加评判且充满爱、慈悲和耐心的方式陪伴着她，创造了治疗所必需的安全而稳定的空间。我想在这里强调一点：我们都是人类，我们都有创伤，我们的创伤都会被触发，而我们的防御系统都在用不同的方式保护着我们。

有个传说讲述了一个国王如何保护女儿免受伤害：女儿光脚在外玩耍时，被荆棘刺伤了脚。国王为她遭受的痛苦焦虑不已，下令给整个王国都铺上皮革。一位充满智慧的大臣向国王提出建议：给公主的脚穿上皮革或许是更有效的做法。于是，鞋子就这样诞生了。

基思、埃莉诺和我一起努力，搞清楚了创伤防御是如何在他们内心运作的，以及他们两人是如何相互触发创伤的。随着时间的推移，我们为他们两人量身定制了非常合脚的"鞋子"。当他们两人都感到安全时，就不再需要防御了——取而代之的是信任。我们以这样的方式创造出一个安全的环境来促进疗愈，并建立了更深层的亲密关系。

同样的动态关系也存在于团队和组织中。为了创造一个安全的工作环境，让每个人都能展现出最佳的创造力、团队合作力和生产力，我们需要了解自己的触发点，并拿起工具和材料为每个人定制最合脚的"鞋子"。这样一来，团队中的所有成员就能一起享受工作的乐趣，而不是被困在各自的内在监狱中，试图拔出荆棘、包扎伤口。

被囚禁的头脑

为了阻止我们成功越狱，以及在监狱之外的世界实现自己的目标、梦想和欲望，头脑创造了一些故事。这些故事可能会以自我怀疑和冒名顶替综合征的形式出现。从我的来访者所说的话中，可以看出这些故事的影响有多深远。

我觉得自己需要做更多才行，我还不够好。

我一直在忙于应付各种事，我感到内疚，因为我不能花更多时间陪伴丈夫和孩子。

我总是有排山倒海般的愤怒和无助感。

在生活中觉察到自己有这些感受后，我们可能会尝试参加自我发展工作坊或者练习冥想来改变自己的心态，但仅仅改变心态并不能确保我们越狱成功。我们的防御系统非常复杂，当内心的监狱看守拉响警报时，剩下的监狱看守都会迅速赶来。

孤独和羞耻是有作用的。它们是防御机制，能够保护我们免受未能满足的欲望所带来的痛苦。正如我的一位来访者在她的顿悟时刻所说的：

羞耻感是一种糟糕透顶的安全保障。我编织出那些安慰自己的故事，只不过是因为我知道这些故事，而不是因为这些故事真的对我有益。

监狱看守希望我们能安全地待在已知的领域。而这些所谓的"已知"，其实是内化的父权监狱。几千年来，它使女性无法接触自己的真正欲望，更别说去追求这些欲望了。

投资防御机制

每一天，我都会与那些成功却又疲惫的高成就女性交谈。她们不停地前进、前进、再前进，夜幕降临时也很难停下来休息，所以无法真正地恢复精力。

在这种疲惫的状态下，留给快乐的空间太少了。

当我们一起查看"引擎盖"下的实际情况时，这些女性便可以看到自己的精力是如何被消耗的，是什么驱动着她的车轮不停旋转，让她的"引擎"持续升温，把她逼得筋疲力尽。我们总是能找到一个恶毒的内在批评者在质疑她的一举一动。她过度分析，质疑自己的决策，陷入自我怀疑的困境。内在批评者编造了故事，使她不断地与自己的头脑交涉。哪怕只是为了向前迈出一小步，她都必须用头脑精心地设计一盘棋，以确保在到达棋盘上的下一个位置之前，自己的想法不会扼杀自己的积极性、创意、前进的动力或行动力。

玛丽·福里奥（Marie Forleo）在我的播客节目中描述了这种隐匿的声音。玛丽是一位非常成功的企业家和慈善家，她发起的项目已经服务了数十万人，并影响了数百万人。玛丽说："我的内在批评者来自新泽西。她真的很苛刻，有时甚至很恶毒。"[①]

在接受盖尔·金（Gayle King）的采访时，著名设计师黛安·冯芙丝汀宝（Diane von Furstenberg）表示："在大多数清晨，我醒来时都觉得自己像个失败者。"对此，盖尔回答说："在大多数清晨，我醒来时都觉得自己很胖。"

这种纠结的内心舞蹈实际上是父权制对女性造成的内在压迫，它使

---

① 来自美国新泽西州地区的人往往性格直接、坦率和强硬。——译者注

我们相信自己的价值较低，进而迫使我们走上一条通过取得成就来赢得自我价值的道路。例如："如果我能减掉 15 斤体重、找到一个好伴侣或成为一个更好的母亲，我就会变得有价值。"

这些想法便是我们的监狱看守。它们执行着我们收到的生存指令——如何在父权制社会中生存的旧指令，使我们无法按照自己的方式追求成功，而即使我们真的成功了，也无法充分地享受成功。生物学本能要求我们优先考虑安全而非繁荣，就像我们的政府把更多的钱花在国防上而不是教育上一样。只要我们的潜意识觉得成为一个引人注目、强大、成功、快乐、卓越和真实的人是不安全的，监狱看守就会给我们讲故事，将我们框定在父权制社会所规定的角色和身份中，以保障我们的安全。

我估计，我们的 90% 的精力都被用来维护监狱的安全系统，这个安全系统包括我们思想（Minds）、身体（Bodies）和行动（Actions）（三者简称 MBA）中的监狱看守。大家可以自行检查一下：你每天花多少时间与自我毁灭的想法以及分心做斗争、因为成瘾而失去精力并试图弥补它造成的损害，或者十分努力地增强你的动力或改善身心状况？当我告诉来访者这个 90% 的估计时，通常会得到这样的回应："更准确地说是至少 90%。"

试想一下，如果你能够把无意识地投入监狱安全系统中的能量收回，哪怕只收回 10%，都会使你的可用资源翻倍！你想把这些能量用在哪里呢？与亲友共度时光，去散步或看电影，开始绘画，还是学习制作巧克力蛋奶酥？在我们从防御中解放自己的能量之前，让我们更仔细地看看它们是如何为我们服务的。

创伤会导致不信任

我们从经验中学习。比如，当摸到热滚滚的炉子而被烫伤时，我们很快便学会了不再去触碰它。当我们分享观点却被无视时，便会立刻明白说出自己的想法是不安全的。当我们容光焕发、心情愉悦地出现在外部世界中，却受到了不想要的性关注时，我们意识到美丽是不安全的，快乐和无忧无虑也是不安全的。随着时间的推移，我们学会了用层层防御来遮盖自己的美丽、快乐和才华，以保护自己。我们小心翼翼，不敢再去触碰那个"热炉子"。

一次又一次这样的经历，逐渐使我们丧失了对世界的信任。同时，我们对自己的信任也减少了，因为我们总是做一些让自己受挫、遭受嘲笑或侵犯的事情，不断地让自己经历失败。对边界的侵犯，无论是言语、情感、身体或性侵犯，都造成了令人心碎的不信任。我们不信任男人，也不信任其他女人。我们互相监视和自我审查。我们不再信任自己的身体、判断力和内在智慧。

许多来访者跟我说，她们并不把身体当成朋友。相反，因为健康问题、不愉快的生理体验或性体验，或者仅仅是因为体重不达标，她们便觉得身体似乎在以各种方式背叛自己。大多数女性总是与自己的身体作战，但这并非我们的错。这是几千年来针对女性和女性身体的战争，是一场被女性内化了的战争。

直觉，也就是我们的内在智慧，是这场战争的另一个牺牲品。父权制认为逻辑胜过直觉，因此，我们学会了贬低和不信任自己的直觉。然而，用头脑来操纵逻辑和证据是非常容易的。当你试图做出一个"理性"的前瞻性决策时，请记住：在我们的头脑中，并没有关于未来的数据。

我们无法预知未来的自己会变成什么样的人，也不知道自己应对创伤触发的能力如何。然而，头脑会透过创伤对来自过去的数据进行筛选，从而塑造我们对未来的选择，而这些选择并不总是符合我们的最佳利益。例如，你可能会选择一份"安全"的工作或者一段"安全"的关系，而不是你真正渴望的工作或关系。头脑告诉你："你得不到它，它不适合你这样的人。这个工作机会要求太高，如果你失败了怎么办？"当我们在逻辑层面运作时，就会受制于所有的防御。监狱看守召开会议，说服我们不要做任何可能威胁到自身安全的事情。它们精准地打击我们的痛处，使我们畏缩不前。

神经科学家告诉我们，潜意识是真正的决策权威。而越狱的第一步，便是意识到上述想法只不过是监狱看守的把戏而已：它们合理化我们潜意识中寻求安全的信号并将它们包裹在故事中。完成越狱的第一步，可以帮你在决策中恢复清醒和自信。

每当我允许"理性"的思考凌驾于内在直觉之上时，都会感到后悔。相反，那些凭直觉做出的决定，哪怕"不合逻辑"，也为我打开了超乎想象或超出计划的可能性。有趣的是，许多成功的男性创始人和高管都表示，他们在做重要决策时依靠的是直觉。然而，对于许多女性来说，几千年来，这种依靠直觉做决定的能力因受到惩罚、迫害和嘲笑而被削弱。我们需要意识到，这种对自己以及自己所知道的事物的不信任，是被我们内化了的父权制，是父权制应激障碍的一个症状，是需要被治愈的。

只有这样，我们才能做出真正对自己有益的决策，才能引导我们实现而不是远离自己的欲望。

监狱电影之夜

为了阻止我们越狱，扼杀我们前进的动力，监狱看守将我们关进拘留室，反复播放一部重现旧创伤的电影。它们想确保我们永远不会忘记外面有多么不安全。我们就像处在一段受虐的关系中，被监狱看守控制。它们一次又一次地提醒我们：你是满身瑕疵的，只有当你小心翼翼地只做正确的事情、老老实实地待在监狱里面时，才能获得安全感。监狱电影的主题始终如一。

"你不知道，和我在一起是多么好的一件事。尽管你有各种缺点，我还是如此爱你，而外面没有人会像我这样爱你。我的意思是，瞧瞧你自己这副德行吧。"

监狱环境中的一切都是为了证实这个故事而存在的，我们采取的每一个行动（或不行动）都是围绕这些防御措施设计的。

监狱看守告诉我们，如果我们做了所有正确的事情并完成足够多的任务，就可以恢复特权：获得更多的放风时间，甚至坐上游轮去大溪地度假。监狱看守将这些愉悦的体验，而不是我们随时可以"允许"自己做出的选择当作奖励。

监狱看守把一切都变成有条件的，我们可以通过这一点识别出这些看守。

质疑自己的价值

监狱看守通过它们经常讲的故事来操纵我们的思维和选择，让我们质疑自己的价值。

"你以为你是谁？"

"为什么你会以为有人想听你说话？"

"看看这些皱纹吧。"

"我的乳房形状不对。"

"看看这些赘肉、橘皮组织、下垂和浮肿吧。"

我们的头脑是一个多产且富有创意的故事讲述者。它利用所有的伤口和未愈合的创伤的味道，编织出一个个具体而生动的故事，以确保我们再也不去触碰那些创伤。监狱看守质疑我们所做的一切，并不断地给我们讲述那些最有可能削弱我们信心的故事。

这种过度思考使我们停滞不前，尤其是在人际关系中。当我们对伴侣的行为进行解读时，这些故事会重演旧创伤。

"我丈夫不接我的电话是因为他不关心我。"

"他更关心工作，而不是更关心我。我对他来说是隐形的。"

我们被思维的列车劫持，迅速地离开了车站。然而，在你意识到这一切之前，就又随着滚滚车轮回到了某段记忆之中。当时，你正和那个出轨的男友身处天寒地冻的芝加哥市，你感到被背叛，觉得格外孤独。创伤化作时间机器，瞬间将那段记忆转化为现在的感受。你感到与丈夫疏远，不再信任他，也不想再与他发生性关系。

无论创伤的主题是什么——是被抛弃、被背叛，还是觉得自己不值得被爱，我们都会一遍又一遍地在关系中重演这些故事。

　　这些创伤在潜意识中引导我们做出选择。如果我们的创伤来自低价值感，我们就会找一个认为我们的价值较低并以此种方式对待我们的伴侣。也许他会说一些恰到好处的漂亮话，给我们送鲜花和礼物，但他不会以我们真正需要的方式支持我们的愿景和梦想。当我们需要出门参加重要的会议时，他不会主动帮忙做家务。当我们需要静修和自我关怀时，他不会主动去照顾孩子。他的行为方式符合监狱看守的期待，他是我们内在现实的化身。

　　我们的防御体现在根据自身经历所构建的故事中，也表现在重演创伤的选择中。我们的监狱看守保护我们免受它们察觉到的各种威胁：尴尬、心碎、被抛弃、被拒绝等。

　　监狱看守给所有事物都设置了前提，让它们变成了"有条件"的事物。只有当我们拥有"恰到好处"的身材时，才算是美丽的；只有当我们做对了事情、说对了话时，才值得被爱；只有当我们无休止地工作并实现特定的目标时，才能算得上成功。

　　这些故事都没能反映出真实的我们，它们是父权制应激障碍的故事。它们与我们相伴了一生，所以看起来很可信，但这并不意味着它们是真实的。

　　当监狱看守播放你的旧家庭影片和旧故事时，请开始寻找其中那些"有条件"的信息。

分心

当我们努力进行越狱时，监狱看守就会启动下一级防御：合理化、拖延和分心。

比方说，当你制订了一个减肥计划，开始有规律地锻炼身体和健康饮食时，大脑很快就会找到一个理由来抵制这些改变：我只是跳过一天而已，只偷一天懒并不会怎样。

也许，你会改变自己的习惯，但监狱看守知道，在这个世界上，美丽依然意味着危险。所以，我们中的许多人会穿不显眼的衣服，或者身上会携带一些不健康的多余的体重，让它们成为我们的保护壳。我们也许会通过穿衣打扮和减肥来做出一些改变，但每一次这样的越狱威胁都会得到监狱看守的即时回应。

减肥是一个非常具有诱导性的话题。这个行业的大部分营销都利用了女性对父权制美丽标准的遵从。这确实是个问题。本质上，美丽与体重无关——就像其他那些被父权制强加给女性的美丽标准一样，体重也是用来操控女性的。很多女性都迫切渴望得到更多有条件的爱与接纳，投入美容业的数十亿美元就来自她们的口袋。

在生活的各个角落（也包括在工作中），我们都能看到这种情况。想想看，你是否有过这样的经历：你正在处理一个重要的项目，这个项目将提高你的知名度，推进你的事业，或者为你的企业带来新的客户。而在你想要打开文件的那一刻，却突然想起要为儿子预约儿科医生，或者要给汽车换机油。总之，会出现无数无关紧要的事情干扰你，使你无法专注地继续手头的重要项目。

分心是隐蔽的，因为它们在思想和身体层面得到了防御的支持。头脑将它们合理化了：这只需要一小会时间，而且它非常重要。同时，身体意识到我们正把自己带往一个新的地方，这让它感觉很不安全。它通过使下颚、肩膀或五脏六腑紧绷、进入浅呼吸模式、降低能量水平和加速思考等方式进行回应。

分心的强化回路十分强大，因为它使我们的紧张得到了即时的释放。当你打电话给儿科医生或决定去修理汽车而不是继续处理重要项目的文件时，你就会松一口气。

同样，无数女性企业家在处理重大项目或进行高风险交易时都遇到过绊脚石。她们在处理重大项目时碰到了令人难以承受的心理迷雾，感受到清晰度和注意力的严重不足。她们怀疑自己患有成人注意力缺陷障碍，她们中的一些人甚至已经被确诊。

通过创伤的视角看待 ADD/ADHD[①]，我们会发现，一方面，它是一种有效的创伤适应，因为只要我们保持注意力分散，就没办法全力以赴，从而保障了安全。另一方面，一个相应的治疗方案也渐渐变得明晰。多年来，我一次又一次地在我的来访者身上看到了这一点——当我们着手治愈潜在的创伤时，ADD 的症状也会得到缓解。

焦虑和抑郁也是如此，它们的起源也可以追溯到创伤适应：战或逃

---

① ADD（Attention Deficit Disorder）指注意力缺陷障碍，ADHD（Attention Deficit Hyperactivity Disorder）指注意力缺陷多动障碍。两者都是常见的神经发育障碍，多见于儿童，但也可能持续到成年。ADD 与 ADHD 的主要区别在于前者常表现为注意力不集中，而后者还伴有多动症状。
——译者注

（焦虑的表现）和僵住（抑郁的表现）。随着时间的推移和这种创伤适应的频繁使用，它们变成了严重干扰生活的持久状态。身心创伤方面的工作是一剂灵丹妙药，解决了我自己的焦虑和抑郁，而且，在我意识到有"成人ADD"这回事之前，它就已经解决了我的"成人ADD"。对于我的许多来访者来说，身心创伤工作也有类似的奇效。

用创伤适应的视角看待这些病症，可以帮助我们认识到它们并不是"我们的问题"。实际上，它们是对创伤的适当反应，只不过这些反应滞留得太久。在父权制应激障碍的背景下，以抑郁应对压迫、以焦虑应对不安全感是自然而然的适应性反应。这不是"我们脑子里的问题"。几千年来，女性一直处在不安全的境地。但是，就像女性在紧身胸衣的束缚下只能进行浅呼吸，从而导致焦虑、恐慌和昏厥，因此被称为"较弱的性别"一样，目前，女性面对压迫创伤进行的自然反应也被病理化和药物化了。

在我作为心理咨询师的15年从业生涯中，经常见到因焦虑、抑郁、睡眠问题、ADD/ADHD服药，或者用食物、酒精、工作或强迫式锻炼进行自我治疗的高成就女性。这不是女性的错，毕竟我们都需要通过一些方式来应对痛苦以保持自身正常运转。但当我们从祖传、集体和个人创伤的全局视角来看待这种疼痛的根源时，就会发现我们没有任何问题，而且除用药物来缓解症状外，还有更好的治疗方案。

因此，我热衷于心理健康教育，并积极地与大家分享一些能在咨询室外照顾自己的工具。就像我们能够通过关注身体、饮食、运动和休息来使自己保持身体健康一样，我希望本书所分享的见解和工具能够帮助大家掌控自己的心理健康并活得精彩，同时永远摆脱"你有问题，你需要被'修复'"的父权制指控。

无所作为、自我破坏和压力成瘾

　　如果说分心是由战或逃反应驱动的，那么监狱看守在行动领域的另一表现就与僵住反应有关。当你发现自己陷入无所作为的瘫痪状态时，很可能在经历僵住反应。作为成功的女商人和忙碌的母亲，我的一位来访者不仅要处理大量的家务以及照顾孩子们，还要挤出时间进行自我照顾，所以她觉得不堪重负。时不时地，她会考虑雇一些帮手——他们家当然负担得起这个费用。但一周又一周过去了，她始终没有采取任何实际行动来实现这一想法。每天早上，她都会直接跳回仓鼠转轮中来应对这一切，甚至还会越跑越快。

　　在潜意识深处，她不觉得自己值得或有权得到帮助。在她的家族中，几辈以来的女性总是任劳任怨地照顾自己的家庭，总是准备所有的饭菜，总是做一个好妻子和好母亲"应该"做的一切。对成为一个所谓的好妻子和好母亲，她已经在潜意识中做出了承诺。

　　与高成就女性对忙碌与压力成瘾相关的另一方面是肾上腺素的冲击令人振奋。身体的化学反应向我们的潜意识发出信号：我已经充满电，准备好了逃离或抵御危险！长期的压力状态逐渐使人成瘾，因为与其他任何成瘾一样，它有某种功能——它帮助我们与令人不悦的情绪隔离开来，制造出一种虚假的掌控感和安全感。然而，就像所有成瘾一样，它也带来了不幸的后果。肾上腺疲劳和倦怠已成为高成就女性群体中的一种流行病。它的背后是这样一对致命组合：我们的内部引擎作为创伤适应在高速运转，而我们以生产力为导向的文化将成就与价值挂钩，不断地推动着我们加速前进。记住：它们曾经把我们烧死在火刑柱上，现在它们把火把交给了我们自己。

对于为什么不采取行动雇个帮手，以及为什么不得不对每一个使她变得更忙、跑得更快的机会说"是"，我的来访者有一大堆完全合理的解释。如果我们只是看向事情的表面，这种情况是令人沮丧的。你为什么不雇人帮忙？你为什么不对一些事情说"不"，以便放慢脚步好好地呼吸？但现在，对父权制应激障碍这个无形的内在监狱的运作机制有所了解之后，我们就可以清楚地认识到，这些看似完全合理的解释其实都是监狱看守。

监狱看守使她不必放慢脚步，不必感受自己的脆弱，也不必处理婚姻中那些她不想面对的问题，以保障她的安全。不安全感、自我怀疑和恶毒的内心批评就在门口，一旦她打开一点点空间来感受或思考，它们就会破门而入，所以她没有这样做。相反，她用忙碌来封锁这扇门。

在意识层面，她知道这种情况是无法持续的——她正把自己逼向筋疲力尽的边缘。她的神经系统一直处于过度驱动状态，导致她很容易烦躁和易怒，引发了与丈夫和孩子们的争吵以及疏远。在意识层面，为了拥有更理智、更宽松的日程和生活，她真的很想请人帮忙，但她的潜意识却有着不同的计划——通过让她保持忙碌来保证她的安全，而潜意识总是能够赢得胜利。

这个故事听起来是不是很熟悉？你的监狱看守是如何保护你的？它们在帮你回避些什么？如果你不回避的话，又会经历什么呢？类似这样的问题会成为一串线索，带你找到需要被治愈的创伤。

被囚禁的身体

女性与身体的关系遭受了来自父权制的严重创伤。因此，我们中的大多数人都没有把身体当作朋友，为了让它顺从，反而觉得必须管理和折磨它。我们盘算着如何从身体中挤出更多的能量，或者穿上塑身内衣，把身体塞进更小尺寸的裙子里。我们与身体的关系出现了断裂，但这并不是我们的错——父权制对女性身体发动的战争带来了许多创伤，而这些创伤已经被我们内化了。

现代的紧身衣已经演变为董事会会议、无休止的工作时间和家务劳动——就像古老的塑身内衣一样，令我们无法喘息。

几千年来，女性无法在任何地方（包括在自己的身体中）占据空间，拥有自主权和所有权。女性的身体一直被父权制的宗教、社会规范和法律法规控制。女性的身体在过去是（在当今世界的一些地方依然是）男性的财产。我们不能为爱结婚，不能按照自己的意愿与喜欢的人发生性关系。难怪许多女性在感知性欲、唤起欲望和达到高潮时遇到了困难："危险"的欲望受到了监狱看守的控制。

对父权制来说，没有什么比一个能触及自己欲望的女人更危险的存在了。性欲与呼吸一样，是我们作为人类所具有的基本属性。它是人类真实表达中不可分割的一部分，是推动其他欲望的跳动着的心脏。压制这种欲望，就会压制一个女人在生活的各个方面表现出的生命力、动力和光芒。

监狱看守也通过内化的父权制审判来规范我们的性生活、监管我们的身体。在谈到父权制应激障碍对自己的影响时，一位女性这样描述自己的性生活："每当和伴侣在床上赤身裸体时，我都会觉得房间里有20个人正在观看和评判我。"

女性与身体的关系遭到的破坏还体现在月经周期上。我们在成长过程中收到的扭曲信息包括：压根不与自己的母亲谈论月经，也不谈论任何让我们感到羞耻、觉得自己的身体有问题的经历。

这种有问题的感觉一直延续到成年。我们处在一种线性的男性范式文化中，这样的文化并不尊重创造力的周期性涨落。为了保持每天的持续产出，我们压制了自己的自然周期。然后，我们的身体就会出现经前综合征、经前抑郁、围绝经期和绝经期等具有挑战性的症状以进行反抗。这是身体在以自己的方式说话："你能压迫我多久？我在跟你说话呢。听我说，照顾我。"

我们是如何回应这个声音的？吃药。为了修复我们的肾上腺和甲状腺，为了睡觉，为了集中注意力，为了停止恐慌，为了不再哭泣……父权制为父权制应激障碍的所有症状都提供了药物。

压制生物学本能

我曾在社交媒体上看到一个求助帖。一位女士写道："我正在做一个重要的项目，但是我无法集中精力和保持专注，我该怎么办呢？”

帖子下面有几百条评论，网友们提供了一些如何提升精力的小窍门。他们建议使用草药、补品来提高精力，并指导她如何制定策略来克服疲劳。

没有任何人说："其实，也许你需要的是休息。"在父权制文化中，我们的价值与我们的产出挂钩。压力，无论是来自外部还是内部，其目的都是让我们把脚固定在油门上。休息——女性具有创造力的状态，就像与女性力量有关的所有事物一样遭到了贬低。

女性在精力和专注上所表现出的挣扎还与监狱看守有关：监狱看守以保护她们为名，阻止她们迈向自己的力量。

就我与女企业家工作的经验来看，这可能是关键。求助的这位女士正在步入其影响力的下一个阶段。这其中的利害关系是什么？请记住我们在防御系统中投入了多少能量。当我们在工作中大展宏图、迎接挑战时，自然会感受到能量的消耗。这时，我们内心深处就会感到不安全，而监狱看守会因此加班加点地工作，从而侵占我们更多的能量。

我对这位女士的建议是："不要试图压制和控制它们，要去关心它们，倾听它们想要传达的信息。"

这与我们在社交媒体上看到的建议截然相反。我们经常从自助大师那里听到这样的建议："直接给恐惧一拳！恐惧是一个谎言！唯一能阻止你前进的就是你自己！"这些看似积极的建议遵循的是通过压迫、压制和支配来实现成就的父权制模式。它们要求我们压制自己的生物学本能，否定、忽视和虐待那些已经被否定、忽视和虐待的部分自我。

这不仅没有效果，还给我们的心理健康带来了可怕的后果。有些来访者在使用上述积极的语句（这些语句含有会触发创伤的词汇）后出现了惊恐发作，因此来找我做心理咨询。例如，当我们在身体、生理层面感到不安全时，重复带有"安全"一词的积极语句，会使生物层面的恐惧反应更加强烈（为了引起我们的注意）——开始时的一点点焦虑，可能会升级为全面的惊恐发作。

这些试图凌驾于我们的生物学本能之上的策略——"坚持到底"和"努力突破"——的另一个危险在于它们毫无效果——女性往往会将失败归咎于自己。当女性在自助仓鼠转轮中不断奔跑时，这些"失败"就会不断地累积成"证据"：既然大师们教的东西对我一点用都没有，那么我一定无药可救了——我肯定出了什么大问题。

我总能在社交媒体上刷到一位非常成功的世界知名教练的广告，上面用醒目的大写字母写着：主宰你的竞争对手。请问问你自己，读到这句话时，你的身体有什么反应？你的思想呢？

这种关于外部成功的暴力蓝图一直是父权制精神的内在特征。我们已经内化了这种有关主宰和压迫的道德观。我们试图主宰自己，使自己顺从和服从。我们强迫自己不断地做事、做事、再做事，直到我们的身体大喊：不要这样！我累了。别再这样对我了。

当我们试图通过改变思维方式以及强行坚持的方式来推翻这些身体的防御时，它们反而会加倍。所以，我们看到很多高成就女性在成功的道路上为父权制付出了身体的代价。

我也曾因此把自己送进了急诊室。我的许多来访者也有过肾上腺疲劳、睡眠问题、消化问题、体重问题、激素失调以及自身免疫性疾病。这些病症的身心关联已经得到了充分证实。我相信，揭开隐藏的创伤并了解它们如何在身心关系中发挥作用，可能是全面治疗中所缺失的那一部分。

神经系统的作用

人类的自主神经系统分为两部分——交感神经和副交感神经，它控制着身体的内部反应，而且主要是在无意识状态下运行。交感神经是一个激活战或逃应激反应的系统，监狱看守是它的代理人。在父权制应激障碍这个监狱里，交感神经系统大部分时间都处于活跃状态——监狱看守时刻警惕着任何可能使我们感到暴露和不安全的事物。

交感神经系统

当我们的交感神经系统被激活时，它会减缓身体修复、重塑以及恢复活力的过程，其中包括睡眠、消化和细胞修复功能。当我们处于生存模式时，这些功能并不是我们的首要关注点。相反，我们所有的资源都被用于确保自身安全。

持续的压力使我们衰老，长时间保持这种状态会对身体造成磨损。由于交感神经的激活干扰了我们的消化，所以我们无法最有效地吸收营养或消除毒素。长期处于这种状态会造成与压力有关的健康问题。幸运的是，副交感神经系统会平衡和修复我们受到的损害。

副交感神经系统

当副交感神经系统被激活时，我们的心率减慢，放松反应开始启动，腺体和肠道的活动增加。随着身体达到安全和放松的状态，就可以开始进行细胞再生和恢复活力的活动，这其中也包括消化。

建立具身的安全和放松，可以帮助我们修复身心。有一些从古流传至今的简单技巧，如瑜伽，可以在几分钟内帮助我们改变神经系统的激活水平。

记日记：追踪监狱看守

我们现在已经看到了监狱看守在思想、身体和行动等各个层面的表现。请记住，监狱看守在努力保护你的安全，它们并非坏人。

我们不是通过硬闯或摆脱他们来越狱，相反，我们的越狱从与它们见面、问候、承认和感谢它们日夜不停地保护我们的安全开始。

在你度过这一天的过程中，请注意任何让你觉得无法充分表达自己的时刻。当你想做什么或说什么却停滞不前时，是什么阻碍了你的行动？请记录下你的观察。

• 写下触发性事件。是哪个时刻让你停下来的？

• 在那一刻，监狱看守是如何出现在你脑海中的？它们告诉你什么想法或故事？

•注意一下身体里的阻碍感。它是否表现为焦虑、消沉或渴望甜食？

•在你的行动中出现了哪些监狱看守？写下你注意到的任何分心或成瘾行为。

我鼓励你在这些看守出现的那一刻就注意到它们，并把你这一天的观察记录下来。如果你不能当场写下来，那就在心里默默记下，并在一天结束时将它补充到你的日记中。大家可以到我的网站www.drvalerie.com 下载日记表格。

通过这个练习，你将更深入地了解监狱安全系统的运作，以及真正阻止你的到底是什么。这里的关键是：你并没有阻止自己，你也没有妨碍自己。监狱看守是防御系统的一部分，一旦了解了它们，就可以训练它们成为你越狱时的保镖。

响应内在的呼吁

监狱看守通过编织故事、制造分心以及身体所表达的症状，不知疲倦地阻止我们触及自己的创伤。其结果是我们停留在头脑中、身体外——当身体承载着未处理的创伤时，头脑是唯一安全的地方。维护监狱的安全系统需要消耗我们大量的能量。

针对上述问题的解决办法不是无视，而是倾听。当我们真正允许自己感受到身体的需要和请求时，就能看到治愈的线索。

在越狱之旅中，无论你是否决定采取行动，当你有新的觉察时，都是一个巨大的胜利。你将开始提出一些不同的问题。

如果你重新拥有这么多能量，你会怎么做？你会怎样重新投资这些能量？如果你不再需要维持这个防御系统，你会有意识地将能量投入哪里？

我呼吁你，每当遇到监狱看守时都进行庆祝——庆祝每一句内心的批评、每一次分心以及令你不适的所有身体感受。把它当作一个机会，去探究这个特定的防御者在保护你免受什么痛苦。生气、再多喝一杯、连看七集流媒体节目并狂吃一斤冰激凌——当你不再把这些行为看作性格缺陷，而是把它们当作保护你免受痛苦的安全机制时，会发生什么呢？

当你在生活、工作和人际关系中做真实的自己、变得脆弱而有力量、积极地活在当下、保持开放的心态和不再设防时，会出现什么可能性呢？你会收回属于你的大量能量。在阅读这些文字时，你能感受到自己的能量吗？你完全可以不费力地进行减肥，因为你的身体不再处于皮质醇超载状态，自然不会导致你为了安全而暴饮暴食、储存脂肪。你的财务状况也会得到改善，因为你不再通过购物来麻痹令你不安的感觉，也不再回避大展身手和获得丰厚报酬的机会。面对挑战时，你可以转化自己的体验，因为恐惧和兴奋是同一种能量的涌动。恐惧是那些被监狱看守阻挡的能量，它们对你说"你不能那样做"，而兴奋则是被解放出来的同一种能量。

当我们能够识别出自己的防御（它们存在于我们的心理过滤器、思想和故事、分心和自我破坏以及身体的信号中）时，就可以追踪它们留下的线索。

当我们了解了自己的监狱看守后，就能看到它们在哪些层面保护了我们，并学会在越狱之旅中与它们合作。

第 三 章

贿赂监狱看守

最遥远的旅程是从头脑到心灵的旅程。

——无名氏（Anonymous）

只要监狱看守觉得你的安全受到了威胁，就会立即采取行动——确保你被安全地囚禁起来。当我们能在自己的生命中创造这种安全感，以至于我们的整个身心都感到安全时，它们就可以放心地回去打牌了。

当监狱看守休息时，我们就不用再与有毒的想法、身体的紧张、拖延、阻抗等监狱看守用来让我们守规矩的行为做斗争了。

我们重获能量。

当监狱看守休息时，我们就可以趁机越狱，去享受生活并施展自己的魅力。

回想一下你上次离开家去别处的情景。外面的光线是什么样子的？温度让你感觉如何？空气中有哪些气味？你还记得自己是如何到达超市、工作单位或回到家的吗？

在生活中，我们经常切换到自动驾驶模式，因而错过了周围的许多风景。这是我们生活在头脑中、与监狱看守聊天且远离身体所导致的症状，而这种生活方式正在剥夺我们全面体验生活的机会。

在本章中，我将与你分享一些练习，用来帮助我们回归身体并创造具身的安全。

各自为战的头脑和身体

父权制的核心创伤之一源于将头脑与身体分离，使头脑凌驾于身体之上。在这个系统中，身体（所有的智慧、直觉和性能量）被诋毁、无视和妖魔化了。我们被训练去听从逻辑，而非自己的直觉。

这个系统的缺陷在于，头脑所依赖的数据集非常有限。它没有任何关于未来的数据，而它所收集的关于过去和现在的信息是通过创伤塑造的认知矩阵过滤出来的。这个过滤过程耗费了我们大量的精力，因为每个监狱看守都会根据其负责的特定创伤来分析这些数据。

我们被困在头脑中的原因在于创伤所具有的能量特性。创伤是对不安全感的具身体验，它会产生防御性收缩。想象一下这种情绪能量在身体的通道中流动的情形。当我们感到不安全时，这些通道就会收缩，情绪的表达因此被打断。创伤在身体内留下了一连串未经处理的、卡住的情绪能量。随着时间的推移，身体变成了一个雷区，充满了冻结的情绪。我们学会了避开身体，转而待在头脑中——我们觉得进入身体是不安全的。

这是一个恶性循环：待在头脑里会滋生过度分析、担忧和焦虑等问题。为了释放身体中被冻结的创伤能量，我们需要进入自己的身体将其排出。

应对针对女性的微歧视

在我们的生活中，处处遍布着会激活创伤的微小诱因。这些微小诱因就是使我们在潜意识中感到不安全，并触发父权制应激障碍和其他创伤的情境和对话。每当我们感到被拒绝、被漠视、被侵犯边界或者自己的贡献被贬低时，便会从身体逃入头脑中。这时，各种创伤反应就会被触发。

精神病学家切斯特·皮尔斯（Chester M. Pierce）于20世纪70年代首次提出了微歧视（microaggressions）一词，用来描述非裔美国人经常遭受的侮辱和轻视。此后，心理学家将这一现象扩展到其他群体：基于种族、性别、性取向、社会阶层和才智水平的任何社会边缘化群体。心理学家德拉尔德·温·苏（Derald Wing Sue）是我在哥伦比亚大学教育学院读书时的教授，他将微歧视定义为"在简短、日常的交流中，因为对方所属的群体而向其传递贬低的信息"。信息的传递者，无论是人、团体、组织还是整个文化，都在无意识地传递这些信息，而且对自己所造成的影响毫无觉察。

微歧视行为是隐蔽且有毒的。例如，斯坦福大学心理学教授克劳德·斯蒂尔（Claude Steele）发现，事先对女性或非裔美国人做出一些与种族和性别刻板印象有关的暗示，会对他们的学习成绩产生负面影响。

我的来访者史蒂茜最近离开了她工作了20年的公司。那是一家以男性为主导的公司，她在那里每天都会遭受微歧视。为了能在一个传统的男性行业中生存并取得一定的成绩，她在工作中下意识地抛弃了自己的女性身份，转而像男人一样做事。因此，在这20年的大部分时间里，她并没有意识到微歧视的存在。

直到她成功地进入公司的最高领导层之后，性别歧视才成为无可逃避的现实。她发现自己是会议室里唯一的女性，也是唯一一个贡献不断被否定、意见不断被贬低的人。她再也无法否认自己是女性群体中的一员了。她已经尽可能地像男性一样做事了，但仍然像女性一样遭受微歧视。

她抛弃了传统的女性特质（比如重视情感和人际关系），这造成了管理上的困难。她没法与他人充分互动，总是错过沟通中传达的情感内涵，以致员工冲突不断，最终业绩大幅下滑。在家里，她也像 CEO 一样做事。她与孩子和丈夫的关系都停留在表面——孩子们只是各自做着自己的事情，很少跟她互动，而丈夫与她之间早就没有性生活了。

这不是她的错，也不是她的失败或不足。潜意识里，她知道职场无法容纳她的完整性。因此，为了在职场中生存，她一直最大化地使用自己的头脑和逻辑思维。这样的生存策略使她遭遇了很多伤害，工作、家庭关系和心理健康都受到了不良影响——她正在服用治疗抑郁症和焦虑症的药物。

史蒂茜经历了一场深刻的危机，她意识到否认自己的女性身份对自己的幸福、健康以及与家人的关系造成了损害。于是，她踏上了一场重塑真实自我的旅程。这使她学会了重新回到自己的身体里，而此前几十年她几乎只生活在头脑中。

史蒂茜并不孤单，我认识的许多来访者和其他颇有造诣的女性都有同样的感受。她们能够从父权制应激障碍的雷达下逃过一劫，是因为她们潜意识里将社会灌输给她们的关于女性的一切——女性是什么、作为女性能做什么以及不能做什么等——与自己分割开来了。但同时，她们也抛弃了很多作为人类应有的真实体验。这就是创伤的运作方式——当我们防御性地关闭那些让我们感到危险和不受欢迎的部分体验时，也失去了与其他部分的联结。

她们为此付出的代价包括：罹患慢性疾病；与配偶离婚或变得疏远；不得不面对不满意的、充满挑战的或压根不存在的性生活；与子女的关系变得疏远；因焦虑和抑郁而常年服用处方药；饮酒量远远超出社交需求；饭量超出健康需求；脱离直觉，只靠头脑做出冲动的决定。父权制应激障碍和其他创伤及其适应阻碍了这些女性的内在认知（包括对自己的认知）。一次又一次，我听到她们说："我只是想重新活得像自己而已。"经过进一步探讨，我了解到，"活得像自己"对她们来说意味着能感受到自己在真实、具身、完整且充分地活着，而不是像行尸走肉般活着。

女性以及有色人种、LGBTQ+人群、残疾人和其他边缘化群体，从早到晚都在应对微歧视。不断被触发的创伤导致人们长期处于压力之下，与我们的身体、我们真实又完整的生活、我们真正的存在方式以及关系等产生了危险的脱节。我们的社会为此付出了代价：女性和社会边缘群体所能带来的最大贡献没有机会实现。

工作场所中频繁出现的微歧视行为压制了员工的创造力和生产力，导致了缺勤和故意加班①（员工的身体在场但心思却不在），也排挤了形形色色的人才。可悲的是，许多公司并没有意识到他们的企业文化是如何支持微歧视行为的。但是，在我们生活的时代，客户和企业变得越来越敏感和有分辨力，所以，忽视这个问题所导致的代价是惊人的。在一

---

① 故意加班，指员工故意延长工作时间，以显示自己工作勤奋并凸显自己的重要性。——译者注

家公司的最近一次股东大会上（这家公司的领导团队和企业文化都以男性为主导），一位股东提出了自己的担忧：他们的顶尖人才（所有的多元化个体）正在离开，因为公司文化对他们抱有敌意。领导团队感到很困惑。他们当然不是故意制造出一种对任何人都抱有敌意的文化。他们并没有意识到目前的公司文化对多元化人才来说是有毒的，更别提意识到是什么造就了这种文化环境。

就像个人一样，公司、群体和文化也有未经处理的创伤需要疗愈。疗愈之旅从觉察开始，它往往颇具挑战性，也令人感到非常痛苦，但它却为开辟一条新的、有意识的存在之路敞开了大门。在那里，我们能为所有人创造一个安全的环境，让他们在自己的独特性、美妙的才能以及贡献中感受到自己的价值，并在自己的真实表达中自由成长和发展。

练习：学会为自己充电

你的力量在于你的存在——你的具身存在。

在一天中的很多时候，创伤都会被触发。你会在潜意识中感到不安全，进而离开身体进入大脑。这个练习旨在通过向后脑发送一个信息，告诉它"在这个特定的时刻，没有任何东西能威胁到你的身体安全"，来帮助你重新栖居在自己的身体里。正如我们之前讨论过的，后脑不说文字、概念和逻辑的语言，所以你不能通过言辞有效地切换战或逃反应。后脑说的是经验的语言。这个练习旨在帮助你用后脑能够理解的语言（感官的语言）与它沟通：发送信息告诉它回到身体中是安全的。具体做法是在3分钟甚至更短的时间内，觉察、联结以下事物：

· 地心引力。花点时间感受一下放在地板上的双脚。感受你脚上的感觉，以及将你和地面联结在一起的地心引力。感受你的身体与家具接触的感觉。感受大地安全的怀抱，它正实实在在地拥抱和支持你。

· 呼吸。感受呼吸在你身体中的流动，感受呼吸给你的支持。无论周围发生了什么，你的呼吸始终没有停止。它就像地心引力一样，总是在那里为你服务。

· 五感。触摸周围环境中的某样东西。通过你的目光来了解周围的环境。聆听你周围的声音。通过嗅觉和味觉感知周围环境中的信息。

留意一下在开始练习之前和之后，你的能量有什么不同。既然你已经体验到了具身的基线，试试看在一天当中去留意，什么时候你会从身体中被拉出进入头脑中，然后利用这个练习重新回到具身存在的力量当中。

如果你希望我引导你完成这个练习，请到 www.drvalerie.com 下载这个练习的录音。

学会识别非具身体验

在一个普通的日子里，我们会遇到数不胜数的触发因素，提醒我们待在身体里是不安全的，于是，我们最终选择回到头脑中。

从我们的饮食方式中可以看出这一点。享用一顿美食可以是一种十分具身的体验：当我们充分享受一顿饭菜时，我们感到满足、满意和滋养。相比之下，情绪化的进食可能是一种非具身的体验，用来麻痹那些我们不想感受到的情绪。

让我们再进一步：考虑一下你的性生活。你的性体验如何？你的性生活是否令你满意？在多大程度上令你满意？这些可以充分地说明你的能量在身体里是否感到安全。你容易获得性快感吗？容易被激起性欲吗？容易达到性高潮吗？

这些问题可能会让你沮丧，因为我们受到的教育要求我们对性表达感到羞耻和内疚。如果你在性体验中缺乏快感，这并不是你的错。事实上，这依然是创伤的机制在起作用。你的防御者通过将这种能量从身体转移到头脑中来保证你的安全。然后，当你做爱时，你可能在场，但并没有完全地投入其中。

还记得那位说自己在做爱时，感觉好像有 20 个人在看着她、评判她的女士吗？你有过这种被内在批评者抨击的经历吗？"看看你的身体，看看这些褶皱，看看这些橘皮组织，你看起来有吸引力吗？你看起来像在享受吗？你在做他要你做的一切吗？他在享受吗？如果他不喜欢和你做爱，他就会出轨……"

这种由父权制应激障碍引发的压力使我们很难拥有具身的体验。

要想在生活中享受更多快乐，并不需要彻底改变生活方式——你现在就可以做到。下面的"三段式呼吸"练习可以帮助你进一步地获得具身体验。在你学会为自己充电，走出充满评判声的头脑，转而进入自己的身体后，可以使用这个练习帮助你的神经系统进入安全和放松的状态。而当我们感到安全和放松的时候，快乐就会变得触手可及。

顺便说一下，放松并不是坐在沙发上看一会电视、喝杯酒、吃包薯片就能自动发生。酒精通过刺激身体释放 γ-氨基丁酸，即通常所说的GABA（一种对神经系统有抑制作用并有助于放松的神经递质），为切换到副交感神经系统提供了一条捷径。但在大概一个小时之后，你体内的GABA 水平就会再次下降，届时，为了让它继续发挥作用，你将需要再喝一杯酒。抗焦虑药物的作用机制与此类似。

在不借助外力的情况下，通过学习使用工具和发展技能按照自己的意愿实现从压力到安全再到快乐的转变，确实是革命性的一步。请记住，对父权制来说，没有什么比一个能触及自己欲望的女人更危险的存在了。当你开始在日常生活中为快乐腾出空间时，欲望就会觉醒，并开始引导你做出属于自己的选择，无论这种选择是大还是小。从选择喝水用的杯子，到选择穿什么袜子，再到选择工作环境，你都可以根据"它能给我带来快乐吗"来做决定。

当你把快乐放在视野里，就会激发出你的最佳状态，让你重新调整自己的生活，根据自己的真实欲望有意识地去创造真正的幸福，培养深层而又滋养的人际关系，并允许自己在工作中最充分地发挥自己的才能。这样一来，你就不再受制于环境——你可以有意识地调整它们，使它们支持你的愿望。最终，你会重新获得主权，并变得势不可挡。

练习：三段式呼吸

在父权制应激障碍监狱中，我们的神经系统经常处于慢性高度激活状态。这个来自瑜伽的练习旨在帮助你贿赂监狱看守。通过刻意关注呼吸，我们可以将神经系统从以生存为导向的交感神经激活转变为副交感神经激活，从而启动支持我们茁壮成长（非生存模式）的机制。这种转变可以在很短的时间内发生——几个呼吸的时间就够了。定期做这个呼吸练习会产生一种累积效应：你的身体会记住如何放松，会越来越容易按要求进入放松状态，而且随着时间的推移，你的神经系统激活的基线会发生变化，几十年的慢性压力会得到消解，放松也会变成一种新常态。这恰好也是你更有生产力和创造力的状态，在此状态下，你能做出更明智和更好的决策。

坐着或躺着练习都可以，从让你感到最舒服的姿势开始就行。将一只手放在胸口，另一只手放在腹部。想象你的整个躯干是一个容器，你要用空气来填满它，要像把液体倒进杯子一样把空气倒进去。

首先，将空气吸入腹部：缓慢地将空气吸进肺部并向下压迫横膈膜，放松腹部，使之扩张。在继续吸气时，将肋骨伸展开来，为胸腔创造更多空间。再多吸一些空气，感受空气在你的背部和胸部扩展开来，感受你的锁骨在气息的顶部升高。

其次，开始呼气，让锁骨和肩部下降，让肋骨和胸腔周围的肌肉回到自然、松弛的状态。

最后，让你的腹部也回到自然状态。在呼气快结束时，轻轻地收腹以完成呼气。

重复这个吸气－呼气的循环三到四轮。如果你感到头晕，只需调整到正常呼吸即可。

请注意保持吸气和呼气的时间长度大致相等。你可以在每次吸气和慢慢呼气时计数。随着时间的推移，通过练习，你可能会自然而然地感觉到呼气过程想要停留得更久一点。如果你已经感受到了这一点，那就顺其自然，让你的呼气时间比吸气时间更长一些。呼气是一个放松的过程，较长的呼气过程会进一步促进放松反应。

完成这个呼吸练习后，你可能会打哈欠或者感到更疲倦，特别是如果你一直在努力突破自己的话。你的胃可能会咕咕叫，你可能会感到消化系统活跃了起来。这些都是你的神经系统正在从交感神经激活转向副交感神经激活的迹象，也就是说，在没有酒、食物或电视的情况下，你正在放松。干得漂亮！

三段式呼吸能够增加横膈膜的活动范围，放松那些习惯性地处于紧张状态的肌肉，让腹部有机会扩张和变得柔软。我们常常感到羞耻，但羞耻感会影响我们与腹部的关系。通过这个练习，我们能够积极地给腹部带来爱、关怀和温柔，治疗父权制应激障碍和造成羞耻感的其他潜在创伤。

请留意呼吸时所感受到的快乐，不要担心自己是否做得正确。如果你关注自己的身体，无论头脑分心多少次，都不会影响你正确地进行练习。

这个美好的练习适合在一天结束准备睡觉时进行，但你也可以在一天中的任何时刻通过这个练习来休息片刻。如果你的神经系统很容易紧张（经常在生活中感到压力和焦虑、难以入睡或者很难一觉睡到天亮），那么，经常做这个呼吸练习可以帮你调节神经系统，抑制交感神经活动。这样一来，在结束这一天时，你的"引擎"就能更容易地放慢速度。你还可以设置一个计时器，提醒自己每小时练习几次，每次练习1～3分钟，观察你的快乐"存款"是如何增长的，你的生产力和创造力是如何提高的，你的应激和冲动是如何减少的，你的人际关系是如何改善的，你的选择是如何变得更好、更轻松的——当摆脱创伤的劫持，走出头脑、回到身体时，我们实际上是在与自己的直觉保持联结。

呼吸是身体与头脑、潜意识与意识之间的桥梁。如果你在一天之中不断地留意自己，便能通过呼吸来了解自己的感受。胸部的浅呼吸是一个信号，它表明你的交感神经系统已经被激活，正在运行战斗或逃跑程序。将深呼吸引入你的腹部并关注身体中的愉悦感，可以帮助你将自身系统切换到放松状态，以真正体验到快乐。

想来一起呼吸吗？我已经录制了这个练习的视频，你可以在我的个人网站 www.drvalerie.com 上观看。

训练关注快乐的能力

请把关注快乐当作一门培训课程。如果你想在每天清晨醒来时都感到快乐，那就这样做：起床前花 10 秒钟感受床单舒适的质感、你的皮肤温度、光线的品质以及房间里的声音。轻轻地移动和伸展，享受活动身体带来的愉悦感。如果自我评判突然出现，就把你的意识拉回到身体的感觉上——你不可能同时处在身体和头脑中。练习得越多，你体验快乐的能力就越强，你的快乐"存款"也就越多。

你可能会想，快乐有什么重要的？为什么我要训练自己去感受它？这是个好问题。在父权制下，女性总是被禁止体验任何类型的快乐——性的快乐、工作中的快乐和满足、日常生活中的快乐……只有在成为一个尽职的妻子和母亲时，女性的存在才能被认可。她的人生是为男人的快乐服务的，而不是为了她自己。女性的世界是由父权制的规训和期望所定义的，违背这些条条框框就会遭受十分严厉的惩罚。难怪女性在方方面面都很难获得快乐：从性唤起与性高潮，到基于自己的欲望来创造生活（在不对她所爱的人或她的工作妥协的前提下），再到她的穿着、外表和谈话方式，以及她在生孩子和养育方面所做的选择，都难获得快乐。

夺回我们的全部快乐就是夺回我们的主权——我们有权在父权制的束缚之外为自己的生活增光添彩。

正如你所预料的那样，监狱看守正在保护通往快乐的入口。在一次由越狱者主办的静修会中，我的来访者帕蒂描述，每当她关注到自己的快乐时，喉咙就会感到一阵紧缩。这并不是一种罕见的反应：这是监狱看守在发出警报，提醒我们把注意力下放在身体上是不安全的。对帕蒂来说，这种紧缩感使她的能量停留在擅长分析的头脑中，这令她感到既熟悉又安全。

留意你的注意力何时滑回到头脑中，在那里你会受制于监狱看守。把你的注意力带回身体，感受地心引力的拥抱，体会地板和家具的坚实支撑。把你的注意力拉回到呼吸上，看看能否体验到快乐。当你真正留意到快乐时，就专注在它所带来的感官体验上。将注意力锚定在身体的感觉上，有助于我们避免被头脑中的故事捕获，陷入它的循环。

练习：用触摸进行自我安慰

触摸能促进催产素的释放，为我们的神经系统带来即时的舒适。催产素是一种神经递质，有助于增进亲密关系、放松身心、促进性唤起、改善睡眠和缓解压力。它建立在我们使用充电练习和三段式呼吸所创造的安全感的基础上，并带我们进一步走向放松和快乐。

更重要的是，体验感官上的愉悦能使我们锚定自己的身体而非焦虑的头脑。

孩子们会本能地利用触摸为自己营造安全感。他们蜷缩成一团，有节奏地来回摇晃，通过与身体接触进行自我安慰。

触摸带来了安全感和愉悦感，引导我们进入更深层的具身体验。

让我们重新回到充电练习：感受你的脚与地面接触的感觉，感受你的身体被家具支撑的感觉，感受呼吸的运动轨迹，通过你的五感来了解周围的环境。接着，进行两到三轮三段式呼吸练习。

现在，让我们再增加一个步骤——通过触摸进行自我安慰。抚摸自己的脸，感受皮肤的触感。像抚摸小孩子或小狗一样抚摸自己的脸——带着温柔和无条件的爱。按摩你的额头、太阳穴和颧骨，抚摸你的手臂、手、腿或其他任何你想触摸的身体部位，用每一次触摸去肯定你的珍贵。尝试不同的按压力度，直到精确地调整到最令你愉悦的力度。这个练习虽然也可以与伙伴一起进行，但我强烈建议你定期进行单独练习。

转向具身的安全

你越是通过本章的练习来促进副交感神经的激活，就越能训练自己的神经系统从交感神经活动转向副交感神经活动，改变以前所习惯的基线。

这些练习向整个身心系统发出信号：你是安全的。这样一来，你就能为自己的身体健康、情绪健康以及最终的越狱提供支持，实现从生存到繁荣的转变。

我们的生存以安全第一为基本原则。如果感到不安全，监狱看守就不会允许我们充分接触自己的创伤，以便重新处理、整合创伤，继而挖掘地道。看守的存在是有原因的。如果它们觉得深入那些领地是不安全的，便会将创伤阻挡在我们的记忆之外，同时也不给我们的日常意识感受到创伤的机会。然而，身体会记住一切。为了让它们给予我们获得治疗的机会，它们需要感受到安全。

建立具身的安全不仅是安抚监狱看守的第一步，也是为我们自己提供资源以恢复越狱能量的第一步。如果我们在防御上投入较少的能量，就能腾出更多的能量来完成越狱之旅。

放松会向监狱看守发出信号：没有什么可担心的。毕竟，如果感到不安全，我们就不会如此放松了。放松是对安全感的具身体验。而在我们的文化中，大多数女性都没有这样的参照点。

还记得我在第一章讲述的初次接触瑜伽的故事吗？那一天，当我终于完成整堂课并练习最后的萨瓦萨那姿势时，我感到了前所未有的深度放松。我知道自己正在经历一种全新的人生体验。那一天，我人生中第一次在身体里感受到了安全和踏实。

在越狱之旅中，你可以根据自己的意愿随时体验这种具身的安全感。看守们回去打牌了，而你可以继续执行一直在酝酿的越狱计划，追求你一直在孕育的欲望。

第 四 章

——

挖掘地道

创伤夺走了许多东西，最糟糕的是夺走了我们变脆弱的意愿和能力，我们必须重新夺回来。

——布瑞妮·布朗（Brené Brown）

琳达第一次来找我时，我能明显地感觉到她的身体中挤满了压力。她背负着一些多余的体重，蜷缩着肩膀，似乎想让自己少占据一些空间。显然，她感到不舒服。她坐在一把大椅子的边缘，似乎不想因为自己的存在给椅子带来不便。当谈到自己的处境时，她的姿态和言辞都很低调。她努力控制着自己的身体、感受和情绪，不让它们占据任何空间。

在工作中，她没有任何表达感情和情绪的空间——她所在的领导岗位没有任何位置留给感情和情绪。在家里，她同样没有空间表达自己，因为她非常小心地保护着自己的丈夫，不想让他担心。她的女性朋友们过着与她截然不同的生活，她们无法与她的问题产生共鸣，她也不想给朋友们带来负担。

当她讲话时，我意识到这是她很长时间以来第一次表达自己的感受。她所讨论的具体情况包裹了自己多年的痛苦和压力。食物是她压制自己情绪的盟友。

琳达在工作中遭到了背叛。多年来一直受她指导和支持的下属突然与她为敌，并在公司里制造了一些混乱。起初，琳达并不觉得这是一种背叛。相反，她在这种敌意面前感到很无助，也感到了巨大的压力。她不知道该如何处理这个局面，也不知道该怎么面对自己所有的感受。

开启心理咨询之旅后，我们两人通过使用充电练习等工具创造了基本的安全。我鼓励她在椅子上占据更多空间。当她第一次向椅子的后半部分滑动，允许自己的身体占据更多空间时，她羞涩地笑了。当我引导她探索身体被椅子充分支撑带来的舒适感和愉悦感时，她的笑容变得很顽皮。我开始看到真正的琳达慢慢地从受限的外在中探出头来。我迫不及待地想让真实的她更多地出现，我想要更加了解她。

随着工作的深入，琳达感到了身体的背叛。琳达患有一种慢性病，这对她的生活造成了很大的干扰，导致她并不觉得身体是自己的朋友。她对自己的身体感到愤怒，因为它不仅由于染上疾病而背叛了她，还导致她不得不背负多余的体重，这令她感到十分厌恶。

渐渐地，琳达与自己的身体成了朋友。在我教会她创造具身的安全感后，她开始感激身体，因为是身体帮助她获得了这种体验。慢慢地，她能够把这种具身的安全感带入工作环境。即使在敌对的会议上没有得到同事们的支持，她也能够全程保持专注。这与她之前参加会议时的情况截然不同，那时的她会因为强烈的战或逃应激反应而僵住，无法表达自己的观点。如今的她走路时身板更挺拔了，笑容更灿烂了，也更加勇于发言了。她开始在生活中占据更多空间。

挖掘内在深层的黄金

当我们越来越深入时，被琳达的工作环境触发的隐藏创伤浮出了水面。她在年幼时遭受过性侵，这个可怕的、令人震惊的经历让她感到害怕、受伤、无助和被背叛。工作环境触发并激活了这个创伤。创伤时间机器使她再次体验了小时候的感受——害怕、受伤、无助和被背叛。就像那时一样，她的身体再次僵住了——她感到瘫痪在地，无法反抗。

琳达分享说，这是她第一次谈论自己遭受侵犯的经历。她之前接受过多年的心理治疗，但从未谈及此事。我无法确定琳达为什么选择在此时首次分享这一经历，但我的理解是，也许在她的身体里建立安全感是一个先决条件——这使她能够安全地触及并谈论创伤。

在去往创伤所在地之前，她首先需要创建一个安全的容器支持自己。有了足够强大的容器，她就可以在不崩溃的情况下重新审视那段经历。她知道自己会没事的，也知道自己会挺过去的。

利用我们迄今为止一起在心理咨询中积累的资源，我帮助她与那个遭受了改变一生的深刻创伤的小女孩建立了联结。琳达能够把这些资源，连同她的关爱、理解和同情，一并带给那个小女孩。

琳达承认并确认了这个小女孩的感受，她还意识到，在那时，就像在成年之后的生活中一样，她从不觉得自己的感受和情绪有存在的空间。她从未将这件事告诉过任何人，包括自己的父母。她觉得这不会有什么意义，也不会改变什么。她这样做其实也是为了保护他们——不让他们知道在她身上发生了不好的事情，不想让他们因此感到痛苦和自责。所以，几十年来，她独自承受了所有的痛苦和责备，并把它们带到了身体里。

作为一名处于领导地位的成年女性，她一直将自己的感受和情绪藏在心里。她有一副坚强的外表，但她的内心很受伤。工作中的情况引发了她强烈的恐惧、无助和绝望感，这是她的身体在遭受创伤时留下的印记。

琳达终于能够为自己小时候的感受腾出空间。她让自己的内在小孩知道她的感受很重要，她为当时没有人保护她感到非常抱歉，而现在，她会在这里照顾她。

红色连衣裙带来的能量

在琳达与内心这个年轻的部分建立爱、信任和支持性的联结之后，她的生活发生了惊人的变化。她找回了 5 岁时的自己所拥有的天真、活力和快乐——创伤曾经将这些珍宝封锁了很长时间，让她觉得它们是不安全的。

小琳达喜欢穿各种颜色的漂亮裙子，而成年的琳达找回了这种童真。有一天，她昂首阔步地走进我的办公室，直接坐到了椅子的深处，舒服地靠在椅背上，然后露出标志性的顽皮笑容。她兴高采烈地对我说，她在一个聚会上穿了一件红色的无袖连衣裙。

她觉得自己像个女王。

她收到了无数的赞美，觉得自己美丽、快乐和充满活力。她事后对我说，在这次治疗之前，她从未考虑过穿无袖连衣裙。她一向对自己的手臂和身体感到难为情，想要把身体隐藏起来躲避别人的注意——她感到不安全。

对曾经的她来说，穿上一条能够吸引整个房间注意力的红色连衣裙是不可思议的。然而，她做到了。

她把红色连衣裙带给她的能量带到了董事会会议和领导岗位上。她开始引人注目并大声说话。她用自己的身体和声音在房间里占据了空间。她不再害怕引起别人的注意。她觉得自己的意见很重要，而且这些意见终于被采纳了。她能够对自己保持仁慈和悲悯，这也使得其他人对她更加仁慈和悲悯了。在她的团队中，那些曾经非常"难搞"的人也变得不再那么难搞了。她成了一个更好的领导者，也更加享受自己所拥有的一切。如今，她对上班的恐惧感已被兴奋感取代。

同样的能量也延伸到了她与丈夫的关系中。他们开始一起度假——这是她以前从未允许自己尝试过的放纵，因为过去的她总是在工作。她的丈夫评论说，他们在一起时比以前感到更快乐了，他在她身上看到了久违的激情。

我也对琳达的惊人转变感到赞叹。过去，那些颓废、畏缩的能量这样表达自己："不要看我，不要听我讲的任何话。我不属于这里。我不值得占用任何空间。我为我的存在以及它带给大家的不便感到羞愧。在这个世界上没有我的容身之地。"现在，那些旧能量消失了，取而代之的是她那高贵的、女王般的新能量："我是一份珍贵的礼物，我的贡献非常有价值，我属于这里，我是安全的，我是受欢迎的，我是被爱着的。"

找到监狱地板上的洞

琳达的工作状况就像是位于监狱地板上的洞。当我们开始就此进行挖掘时，便打开了一条通往越狱的地道。在她最初的问题之下，我们发现了一些更深层次的创伤。在一起工作的过程中，我们使用了具身练习来创造安全感，以便让她的监狱看守休息一下。经过这样的努力，我们便可以触碰那些曾让她感到不安全的深层创伤。

正如我们在第一章所讨论的，父权制应激障碍的监狱建立在祖传、集体和个人创伤之上。在挖掘地道进行越狱的过程中，我们会一一穿越这些创伤。

欢迎重新遇见你在生命中一直回避的一切——用食物、酒精、工作，以及在事业、人际关系（包括与自己的关系）中将就着过"舒服"日子来麻痹自己。

监狱看守会继续站出来保卫这些创伤。当我们认出它们时，便可以回到具身练习中建立安全感。当监狱看守再次撤退，去休息和打牌时，我们就可以回过头来继续挖掘地道。当然，这项工作是错综复杂的，其中所包含的东西远比我用一本书所能表达的要多。

越狱之旅的这一部分工作并不需要我们独自前行。具备专业资格的从业者会带着专门的手电筒和挖掘工具，为我们在创伤的黑暗地道中导航，并帮助我们找到适当的地方停下来休息，扎根在安全感之中。我在自己的网站上列出了一些相关建议，来帮你寻找成熟的具身创伤治疗师。

如果你是一名心理咨询师，并对越狱过程中使用的工具和技术感兴趣，甚至想要将它们应用到自己的工作中，那么，你也可以在我的网站上找到相关的从业者培训信息。心理咨询师和其来访者所面临的一大挫折是，仅靠谈话治疗无法有效地治愈创伤。许多来访者带着错误的信念来到我这里做咨询，误以为经过多年的治疗之后，她们已经"解决"了自己的创伤。然而，在创伤治疗中，"谈论"并不等于"解决"。她们的身体仍然携带着创伤症状，这些症状始终阻碍着她们在生活、关系和工作中充分地展现真实的自己。

大多数心理咨询师培训课程都遵循父权制范式，专注于头脑而忽略了身体，同时也忽略了更大的背景，即本书中所讨论的人类祖先、集体和个人层面的创伤。在很大程度上，我接受过的培训也是如此。在完成正式的学校教育之后，我寻求机会接受了身心创伤疗法先驱者们的培训。多年来，我在工作和个人实践中运用、调整了这些工具，并增添了与来访者共同创造的新技巧（这一进程至今仍在继续），最终汇集成了越狱教程。现在，我通过网络和面对面的培训，将这一教程提供给寻求治愈的人们和心理咨询师们。读者朋友们可以在我的网站上了解更多相关信息。

父权制对女性的伤害

父权制对女性造成的主要伤害是导致她们认为自己的价值低于男性。这是我们所有人都继承的核心创伤。女性的身体、观点和生活，她对世界的贡献以及她的渴望、需求和欲望，所有这些的价值都比较低。

这种创伤在我们的心灵深处留下了深刻的烙印。

这是一个如此黑暗的绝望之地，如果允许自己去伤口处感受它带来的全面影响，这些影响将令人不堪承受。这不仅需要我们去感受这种创伤对个人生活造成的影响，还要感受几千年来数十亿女性所受的影响。监狱是为了阻止我们触及这个伤口而建立的。它建在一个深不见底、黑黢黢、滑溜溜的深坑之上，而这个深坑就是我们的创伤。

在我们付出巨大牺牲却很少表达欲望，在我们努力触及自己需求的过程中，这个创伤会逐渐显现出来。

欲望若是得不到满足，我们就会感到痛苦。为了避免这种痛苦，我们与欲望渐行渐远。监狱看守把我们的欲望牢牢地关了起来。不与自己真正的欲望接触，就能使我们免受无法满足欲望带来的痛苦。一位美丽优雅、光彩照人、才华横溢的女性曾对我说，她渴望找到另一半建立恋爱关系。当我问她对伴侣和亲密关系有什么期待时，她说："我希望他愿意陪我。我希望他有一份工作。"以我对她的了解，我本以为她会希望自己在各个方面都受到宠爱，比如，希望能和他在床上享受到快乐，希望在所有的创造性工作中都能得到他的支持，希望他能像自己那样渴望冒险，希望他知道如何打造和经营成功的事业，希望他与自己有着相同的价值观，希望他在情商方面与自己相当，并且非常想要他与自己建立持久的伴侣关系。我原以为她会期待所有这些，或者比这些更美好的东西。

当我向她指出这一点时，她说："但这种人并不存在，所以我想现实一点。"欲望无法得到满足，便会产生代际、文化和个体层面的痛苦，由此形成防御性的保护，即监狱看守。它们会说："你的理想伴侣并不存在。即使存在，他也不是为像你这样的人准备的。我的意思是，瞧瞧你自己吧。你的吸引力绝对达不到 10 分，也许在你状态良好的时候勉强有 4 分。亲爱的，你得扔掉那些愚蠢的、不切实际的梦想，调整你的欲望。否则，你只能和你的猫咪一起度过余生。"于是，她真的调整了自己的欲望。基于父权制应激障碍监狱这一"现实"所产生的"务实"思维一直在塑造她的生活。她尚未意识到，在这个无形的内在监狱之外有一个完整的世界，她可以在那里安全地接触自己的真实欲望，并自由地创造属于自己的现实。

父权制下的女性欲望被下调得很低，因为在过去的几千年里，我们的欲望无法塑造自己的命运。欲望具有破坏性和危险性，追求自己欲望的女性会受到惩罚：被排斥、被逐出教会、被处以石刑、被烧死在火刑柱上。数量众多的祖传、文化和个人创伤，将我们的渴望和需求囚禁在坚固的围墙内。我们的潜意识觉得，将欲望的标准提高似乎会带来致命的危险。因此，监狱看守阻止我们接触真正的欲望。如果欲望不知何故泄露了出来，就会迅速被贴上"不切实际"的标签而烟消云散。

祖传创伤的显现方式

我的一位来访者的祖父母经历过大屠杀，我在她身上看到了关于祖传创伤的明显例证。

从外部看，艾米莉亚从未经历过任何可以被归类为传统意义上的"创伤"的事情。艾米莉亚当时快 30 岁了，从各个方面来看，她的生活一切正常。她来自一个稳定且非常关怀她的中上阶层家庭，毕业于一所好学校，并通过实习和志愿工作积累了漂亮的履历。她成功地找到了工作，在事业上取得了进展，并且拥有一段充满爱意、彼此忠诚的恋情。更重要的是，她非常自信。她相信自己，并且清楚地知道自己的价值。然而，有时她却会经受极端的焦虑和惊恐发作。

如果要前往一个陌生的地方参加早就安排好的活动，她便会陷入全身性的恐慌和呕吐。她需要倾尽全身的意志力才能登上火车。她曾尝试过谈话治疗和药物治疗，虽然在一定程度上，这些方法都能帮助她应对这种状况，但并没有产生持久的效果。

在谈论自己的家族史时，艾米莉亚提到她的祖父母是大屠杀幸存者，但她并不觉得他们的历史对她有任何影响。祖父母从未谈论过他们的经历。

然而，驱使她产生焦虑的恐惧都与陌生环境有关，而且大多都涉及乘坐火车去陌生的地方，比如去参加城市里的一次面试或者男朋友在郊区小镇的酒吧里举办的生日派对。在意识层面，它们从未令艾米莉亚联想到那些被用来驱逐和运送犹太人到强制劳动营、集中营和灭绝营的大屠杀列车，但她的潜意识却表现出与这些情境密切相关的极端恐惧——她的严重焦虑是她的生存系统为生命和生存而战的体现。

在第一章，我们介绍了创伤遗传的科学证据，这些证据表明，艾米莉亚焦虑的根源可能在于祖先所经历的创伤。创伤经历会产生一系列生存指令，这些指令会通过我们的DNA传递给后代。与种族灭绝相关的创伤产生了非常强大的生存指令，它们似乎格外强调：不要乘坐火车去陌生的地方。

从现实的角度看，虽然生活在 21 世纪纽约市郊区的艾米莉亚觉得这些恐惧并不"理智"，但生存指令在潜意识中的运作却是完全合理的。当我把这一观点带到她的意识层面时，我们得以共同处理这个创伤。艾米莉亚终于摆脱了惊恐发作的枷锁，平静地登上了火车。她不再需要为了预防呕吐而选择靠近洗手间的座位。艾米莉亚甚至和她的男朋友一路坐火车去蒙托克度过了一个周末。他们还穿过哈德逊河谷，一路欣赏河流和树叶。火车不再是折磨的象征，对如今的她来说，火车已经成为自由的象征：现在的她，可以随心所欲地乘火车去任何地方。

理解和处理祖传创伤的价值就在于此。从传统的视角看，艾米莉亚没有任何能够在标准的心理治疗评估中被识别出的创伤。她生活在充满爱的家庭，拥有美好的感情生活，在经济上也相对有保障。以前的她试图从阻碍自己正常工作的焦虑中解脱出来，于是使用了认知行为疗法提倡的策略和治疗焦虑症的处方药阿普唑仑。尽管这些方法都起到了一定的效果（就像绷带有助于止血一样），但随着时间的推移，她反而感到更糟糕，自尊心也受到了极大影响。诊断结果逐渐渗入她的身份认同中，作为一个能够应对生活的独立女性，她的自信和自我感受开始被侵蚀。

艾米莉亚觉得自己很失败，因为认知行为策略无法阻止自己压倒性的恐慌。她对药物的依赖也越来越严重，这令她感到厌恶。具有讽刺意味的是，她越是试图通过去往新地方、结识新朋友、体验新事物来拓展自己的世界，她的世界就越是收缩，因为要想通过这些方法拓展自己的世界，她必须服用阿普唑仑。但是，这并不是艾米莉亚的失败。还记得我们讨论过的创伤劫持和不靠语言沟通的后脑吗？她的认知行为策略包括分析情境、改变思考和行为方式。正如你现在所了解到的那样，当创伤劫持发生时，这些策略都是无关紧要的。为了获得分析情境的能力，我们首先需要打断创伤劫持。

这种不考虑隐藏创伤的方法还引发了另一个问题：艾米莉亚的焦虑与意识层面的想法和信念无关。在意识层面，她知道没有什么可害怕的，也对自己充满了自信，但是，潜意识却通过她的身体系统发送致命危险的信号。因此，在这种状况下，用认知行为策略来改变她的思维方式并不完全合适，因为如果不先打断创伤反应，她的行为就不可能改变。在不了解这一切的情况下，艾米莉亚觉得自己是个失败者。如果不去理解祖传创伤对艾米莉亚的影响，她的心理咨询师所瞄准的目标就是错误的：试图修复并没有损坏的东西——她本人。她那令人惊叹的神经系统正在出色地完成工作以保护她的安全，而她的头脑也在尽最大努力应对这一挑战。

许多女性常年依赖药物，陷在教练和心理咨询的仓鼠转轮中，试图修复一些并没有损坏的东西。我们的社会结构的基础是已经被我们内化的父权制信条："你是一个女人，因此你身上一定有什么地方有问题。但你不用担心，我们可以用药片、紧身衣和缠足来解决这个问题。"当我们看透并超越这一切，将影响女性身心健康的更大背景（我们作为个人和集体所继承和经历的以及每天都被触发的创伤）考虑在内，那么，诊断、处方和治疗方法就会发生巨大的变化。

结果确实如此。在发现越狱课程之前，与我工作过的来访者几乎都与心理咨询师和／或教练合作过，并下结论说自己出了问题——因为尽管她们付出了很多努力，却仍然感到焦虑、抑郁和困顿。她们仍然无法在不喝酒或不吃药的情况下放松，再严苛的节食和运动也无法帮助她们减肥，在她们的关系中仍然存在隔阂、缺乏亲密，或者她们仍然渴望遇到一个在情感、精神和经济上都与她们平等的伴侣。

当我们开始工作时，首先要做的就是参观那个看不见的内在监狱，并检查祖传、集体和个人的创伤层。这些创伤把她与自己渴望的生活隔绝开来，以保护她的安全。随着我们一起修通层层创伤，她得以通过挖掘地道摆脱束缚。但是，对现在的我们来说，即使走出地道的那一幕还没有发生，每个女性也都应该认识到一个简单的真理（这是越狱成功的基础）：你没有任何问题。

感受这些话语在你的身体、头脑和灵魂中回响。请注意监狱看守提出的反对意见，向它们打个招呼，感谢它们努力保护你的安全。使用充电练习帮助监狱看守安定下来，然后再次对自己说：你没有任何问题。

挖掘祖先的创伤，揭开天赋的面纱

随着每一层创伤的展开，我们所继承的天赋也被打开了。我们的祖先是了不起的人类，取得了令人难以置信的成就。他们的才华和壮举是我们的遗产和我们与生俱来的天赋。监狱看守阻挡我们接触、拥有和运用这些天赋，因为创伤带来的痛苦关闭了通往天赋的大门。

你想知道自己继承了哪些创伤和天赋吗？那就和你的家人谈谈，挖掘一下家族史。拿我自己的越狱之旅举例：在与祖母的一次谈话中，我有了一个新发现。我的祖父母在俄罗斯经历了第二次世界大战，物资极度匮乏的生活令他们饱受折磨。他们遭受了食物不足以及在俄罗斯的严冬中无法取暖的创伤。

我虽然没有经历过这些痛苦，但我的身体却体验过相关的创伤反应。一旦气温从21℃降到16℃左右，我的生存程序就会发出轻微的恐慌信号，而随着温度计读数的下降，创伤激活的程度也变得越来越强烈。我与食物的关系也受到了祖父母创伤的影响。我的潜意识坚持说"趁现在多吃点吧，因为以后可能就没得吃了"，所以我总是暴饮暴食。一看到食物，我就情不自禁地想要吃掉它们，即便我刚吃过饭。我断断续续地节食了好几年，在心理咨询中花费了无数时间谈论这个问题，经常在羞耻感和失败感中挣扎。原因在于，虽然我在生活的其他方面取得了成功，但始终做不到保持身体健康。当我意识到这个问题的根源在于我的祖先并修通了代际创伤后，才真正终结了这种模式。所以，当我们洞悉那些无形之物时，便能够成就不可能之事。

在着手治愈这些经历时，我还发现了自己从祖父母那里继承的惊人天赋。他们足智多谋，而我也能在几乎什么食材都没有的情况下做出一顿饭。我的祖母坚守自己的价值观：即使在饥荒不断的战争期间，她也会把自己的口粮攒起来，带到市场上去换取一些布料，以便缝制新裙子来践行她的价值观——创造美。他们总是从这个地区搬到另一个地区，甚至搬到国外，融入一个完全陌生的社区。他们最终在一个远离原生家庭和出生地的城市定居，因为他们认为那里是创造自己生活的理想之地。

他们结交了很多朋友，组建了自选家庭。他们富有冒险精神、慷慨大方、热爱生活、自力更生。

22岁时，我独自一人从老家俄罗斯搬到了纽约市。在这里，我不认识任何人，也没有任何经济来源。当人们听到这个故事时会说："你太勇敢了，我可能永远也做不到！"对于这样的反应，我过去的反应是"但这对我来说很容易"。我不过就是爱上了纽约市，决定把它当作自己的家而已。我相信我一定会成功。现在，我认识到了我从祖父母那里继承的宝贵财富。正是那些遗传指令给了我坚如磐石的信心、自力更生的勇气和大多数人都没有的热爱冒险的心。

我希望能听你说说自己继承了祖先的什么遗产，你愿意和我分享吗？如果能收到你的消息，我会很高兴。我正在不断扩大我的自选家庭——欢迎所有的越狱者伙伴加入！

集体创伤的显现方式

在2016年的美国大选中，当第一位女性总统候选人落选后，我的来访者们好像在一夜之间发生了变化。对女性来说，一切似乎都是艰苦的战斗，所以她们焦虑和抑郁的症状变得更加突出。这些女性拥有不同的政治观点，对希拉里·克林顿的评价也各不相同。但是，当她被击败时，却强化了我们所有人对父权制文化叙事的认同：女人不能当总统。

这些关于女性无价值的故事遍布在我们的文化交流中。当我们阅读新闻或登录社交媒体账号时，会发现到处都有证据表明女性的身体和关系受到监控、女性的选择受到审查。在国际新闻中，我们看到有些国家的女性不能在没有男性陪伴的情况下合法地走在大街上。针对女性的暴力在全球范围内都是普遍且严峻的问题——在有些地区非常明显，在其他地区则相对隐蔽。但是，每当意识到女性所面临的危险、歧视和轻视时，我们的潜意识就会收到这样的信息：这个世界并不安全。父权制应激障碍监狱的无形之墙由此再次被加固。

作为文化体验的常规部分，许多暗示"你还不够好"的信息正悄然潜伏在我们的意识觉察之外。商业广告提醒我们要顺从父权制的监狱准则，即根据外表为女性分配相对价值。美容和减肥行业依赖这种顺从生存，并进一步维持了一种强化这种顺从的文化氛围。这种准则惩罚衰老的女性（其实是智慧和成熟的迹象），也惩罚占据一席之地的女性。在美国，中年和老年女性经常在药物广告中出镜。有色人种女性、身体健全程度各异的女性或 LGBTQ + 群体的女性被当作多元化的代表，偶尔被象征性地提及一下。人们心目中"理想"的美丽形象仍然是一个拥有青春期少女体型和 20 多岁女孩外貌的身体健全、异性恋、顺性别的白人女性，而媒体每天都在强化这一形象。

文化信息的传递往往是隐蔽的。我曾参加一个关于新领导范式的会议，主办方努力地让领导层中体现出多元化的声音，具体包括女性、有色人种以及一场反年龄歧视的演讲。然而，具有讽刺意味的是，所有关于多元化、包容性和新领导范式的讨论都是在一个巨大的横幅下进行的，这个横幅用了一个令人痛苦的常见形象来代表领导力的理念：两个西装革履的年轻的白人男子在握手。

这些文化信息不断地强化着现状，而对抗这种现状令人筋疲力尽。女性领导人的"伤亡"数据对所有女性都造成了伤害：2018 年，《财富》500 强公司中的女性 CEO 人数从 2017 年的历史高点 32 位下降到了 24 位，其中只有一位是有色人种女性。2018 年，每一位离职的女性 CEO 都被一名男性取代。

尽管造成这种快速流失的原因可能有很多，但当我们通过父权制应激障碍的视角考虑这个问题时，会发现：微歧视每天所造成的伤害令女性疲惫不堪；在男性设计的（同时也是为男性设计的）公司文化中工作压力很大；不停地与偏见进行艰苦的斗争驱使女性更努力、更快速、更高效地工作，以证明在这个职位上她们与男性一样有价值；父权制应激障碍通过潜意识向女性传递信息，即"你不属于这里，这里不安全"。对于有色人种女性和 LGBTQ + 女性来说，这些压力以及应对它们所付出的情感代价会被成倍地放大。以上这些都是女性工作倦怠的诱因，它们对女性的健康和人际关系产生了毁灭性的影响。许多女性高管（我的同事和来访者）都告诉我，以上所有经历都是她们日常生活的一部分。所有这些经历迫使优秀的、有才华的女性领导者每天都想放弃权力地位，以挽救她们的生活和理智，而这进一步强化了父权制的文化叙事："女人不能当领导。"

我们制造了一些创伤适应，以保护自己免受文化所讲述的有害故事的影响。然而，对抗那些使我们安全地待在现状中的防御措施需要巨大的能量。这些努力从内部耗尽了女性领导者的精力。

我参加过一个会议，会上有几位女性谈到了女性赋权。她们不是专业的励志演讲者，而是在大公司担任较高领导职务的女性。她们讲到的内容都很正确，言辞也很有启发性且十分鼓舞人心，但是在情感层面，这些演讲都显得十分空洞。每位演讲者出场时都耷拉着肩膀，可见她们的能量是坍缩的——仿佛是为了弥补那些过于大胆的话语，她们都在努力使自己的形象变得更渺小。我可以从她们的肢体语言中感受到日常斗争所带来的沉重压力和负担。不幸的是，虽然这些女性领导者是完全可信的、有能力的、成就斐然的，但这种非语言的信息却在潜意识层面削弱了她们的可信度。对此，解决方案并不在于"摆出当权者的姿态"，而是必须深入地触及我们的身体和神经系统，来卸载、处理和治愈每天被触发多次的隐藏创伤。这些创伤唤起了一种长期的防御性保护姿态，虽然这种保护姿态只是创伤的冰山一角，但确实是一个明显的创伤标志。

个人创伤的显现方式

身体储存了所有导致我们感到不安全的事件的原始印记。大脑会对所发生的事情进行合理化改编，给我们讲述一个脱离原貌的故事，但身体记忆能够超越故事。当我们对创伤事件所产生的自然的情绪反应被打断时，无论这些情绪是恐惧、愤怒、绝望、悲伤还是喜悦，身体记忆都会记录下事件对我们的影响。

舞动女性（Femme Movement）的创始人伯纳黛特·普莱珍特（Bernadette Pleasant）曾接受过我的采访。她在我的播客"倾听她的成功"中描述了自己年幼时在学校获奖的经历。当时，她赢得了出乎意料的、看似不可能的奖励，心中充满了无与伦比的喜悦与自豪。她兴奋地回到家，迫不及待地要与母亲分享这个好消息。

她的母亲患有抑郁症，而那天对她来说正是非常糟糕的一天。当伯纳黛特走进家门时，感觉房间里所有的空气都被抽离了。瞬间，无须言语，她就得到了这样的信息：这里没有空间来承载她的快乐。

这里没有空间来容纳她的成就，也没有空间来容纳她的辉煌。

她把获奖的兴奋吞回肚子里，将其扼杀，再也没有和任何人分享过。

这种创伤与我们之前讨论过的那些创伤截然不同，这是快乐被冻结所带来的创伤。我在每个来访者、每个女性身上都看到了这种创伤：自身涌现的浩瀚的情感被打断，让我们觉得在当下做真正的自己是不安全的，于是我们把身上那些不合时宜的部分关了起来。我们创造出了创伤适应，它使我们的生活变得更狭小、更安静、更不鲜艳、更不闪亮，越来越远离真实的自我渴望拥有的一切。

小 t 创伤比你想象的更重要

雷吉娜·托马斯豪尔（Regena Thomashauer，又名 Mama Gena）是女性主义的代表人物，也是女子艺术学校（School of Womanly Arts）的创始人和 CEO。我参加了她在纽约市举办的一个女性赋权项目，在活动现场，500 名来自世界各地的女性齐聚一堂。雷吉娜邀请那些遭受过语言、情感、身体或性虐待的女性站起来。

于是，整个房间的人都站了起来。

请注意，这并不是一个专门为受虐待幸存者设计的项目。这是一个女性赋权项目，汇集了来自全球各地的高成就女性：企业家、创作者、领导者。

当我站在这些姐妹身边时，房间里的寂静是"震耳欲聋"的。在这一刻，每个女人都看到了（可能是她生命中第一次看到）她所隐藏的、被认为是"没什么大不了的"、"已经被克服的"、在治疗中"修通的"或者"尽管如此，也没有妨碍成功"的非常私密的创伤，这也是地球上所有女性共同的创伤经历。我们站在那里，被这个事实击中：原来我们每个人都是女性苦难海洋的一部分。我们在这个罕见而宝贵的时刻伫立着，这是我们见证彼此并被彼此见证的一个难得的机会。我们彼此团结、相互支持，同时也支持我们自己。我们的创伤首次从羞耻与秘密的束缚中得到解脱。它们并没有削弱我们的力量，相反，通过拥抱我们所经历的真相，它们使我们更加接近自己，也更加接近彼此——我们不知道，原来我们一直拥有这些姐妹。

大多数女性并不谈论她们的创伤。她们的创伤经历要么被羞耻笼罩，要么被当作与创伤无关的"小事"对待。雷吉娜知道，如果她问的是"你是否遭受过虐待"，那么不会有那么多女性站起来。所以，她通过展示创伤的多重面貌——语言、情感、身体或性虐待，来帮助她们认识自己的创伤。虐待还有很多其他种类，比如精神或心理虐待（对一个人的心理健康产生负面影响的行为或语言）、经济或财务虐待（不让一个人获得金钱或者挣钱的能力或机会）、文化或身份认同虐待（孤立不说主流话语的人，威胁要"揭露"一位LGBTQ+人士，或者利用基于文化／身份造成的创伤——如父权制应激障碍——来控制他人）。创伤还有很多其他类型，比如医疗创伤、霸凌、社区暴力、灾难、复杂性创伤、童年创伤、家暴、恐怖主义和大规模暴力、难民创伤、创伤性哀伤，以及留下伤痕的其他生活事件和环境。正如你所记得的，我们已经将创伤定义为任何令你在充分表达真实自我的过程中感到不安全并导致你为了保护自己而发展出创伤适应的事件或情境。

每一次创伤经历都会产生影响，而所有的创伤经历累积起来更是会产生持久的影响，所以创伤适应的症状将伴随我们一生。大 T 创伤和小 t 创伤是有区别的，小 t 创伤是阻碍我们充分地进行真实表达的日常经历。我们的很多经历都是小 t 创伤：想想你 3 岁时闯祸后妈妈对你大喊大叫的场景、同学们取笑你以及老师说"女孩子不应该这样做"时你的反应。这些看似微小的经历并不是严重的刀伤，只是被纸张划出的细小伤痕。但是，每一道这样的伤痕都削弱了我们活出真实自我的勇气。经历这些之后，潜意识就会抑制我们安全地展现聪明、性感、大胆和自信的能力。

被纸张划伤无数次后，很可能会流血甚至感染。然而，我在心理咨询中接触到的很多强大、成功的女性却普遍地忽视这些经历，她们并不认为这些经历是创伤性的。她们陷入了这样的思维中："这不应该影响到我，这太微不足道了。我应该克服这个问题，这已经是很久以前发生的事了。"这些话都出自监狱看守之口，它们保护我们不被自己的情绪淹没。监狱看守将这些情绪合理化，并告诉我们"这并没有那么糟糕"。

"这是一次不受我欢迎的性经历，但并不是强奸。"

"我很害怕，但这毕竟跟被枪指着不一样。"

这些"微不足道"的经历最终导致了持续的焦虑、压力、失眠甚至抑郁。因为我们从不谈论它们，也从未在文化层面去验证它们可能造成的伤害，所以我们不允许自己认为它们可能是需要被治愈的创伤。

对一些人来说，监狱看守的防御大概是这样的："我不是这些情况的受害者，我超越了它们。我很坚强，不会让这种事情影响到我。我克服了它们，然后继续前进。我不会让这些事情困扰到我，这都是受害者心态。"

这样的说辞可能是最危险的。它通过切断人类体验的真相并将其推入阴影、羞耻和否认中（潜意识更深处），在表面上创造出一种虚假的赋权感。因为创伤经历被埋得更深了，所以人们很少甚至根本没有意识到它们的存在，于是确信自己没有受到它们的影响。但是，正如认知神经科学的许多研究所表明的那样，我们的行为主要是由潜意识驱动的。而如果我们不能洞悉那些无形之物，就无法成就不可能之事。

神经科学家大卫·伊格曼（David Eagleman）说："我认为我们可以得出这样的结论：如果我们有自由意志，那么它在我们的身体系统中实际上只扮演了一个相当小的角色，因为你做决策的方式与你的基因以及你直到此刻的所有经历都息息相关。"

约翰·巴格（John A. Bargh）和埃泽奎尔·莫塞拉（Ezequiel Morsella）指出了我们的文化和心理学中所存在的"意识中心"偏见。通过对现有研究的回顾，他们证明了"无意识思维的行动先于有意识思维的到来——行动先于反思"。让我们慢慢品味这句话——行动先于反思。认知行为、自助和个人发展技巧是建立在以意识为中心的偏见之上的，它们认为改变思维方式就能够改变一个人的行为和生活，而科学对此提出了质疑。

实际上，当创伤经历被忽视和否认，甚至在"自我赋权"的幌子下被诋毁时，它们会继续左右我们的生活。因此，与人们的意图相反，当他们拒绝承认和处理这些经历时，他们真的会成为其"受害者"——它们在人们的意识和控制之外支配着其选择和行为。

监狱看守使用的另一个合理化解释是："我已经在心理咨询中处理了这个问题，它不再困扰或影响我了，我不再去想它了。"既然现在你知道了之前的假设——意识思维主宰着选择和行为——已经被科学推翻（如果你的大脑还在努力消化这个信息，我完全理解），那么，你肯定会明白，监狱看守的这种防御建立在一个错误的前提之上。

此外，如你所知，谈话疗法无法触及创伤的具身印记。身心创伤治疗领域的一个公理是：你的身体就是你的潜意识大脑——正如我们在前文中所提到的，它是真正的掌控者。除非我们深入挖掘并研究创伤经历在我们的生物学和神经系统层面是如何发挥作用的，否则我们将永远追逐外部表达——思想和行为。当了解到数百万人多年来一直坚持做心理治疗并服用抗焦虑和抗抑郁药物却从未真正痊愈，我感到心碎。

我的疗愈药方

我的旅程也是这样开始的。我在心理健康领域工作多年，获得了两个心理学研究生学位。在此期间，我从不觉得自己的诸多经历是创伤性的——研究生课程并不是这么教的。

我有一个情绪不稳定的爸爸，他的暴怒曾令我感到害怕和无力。我还有一个充满焦虑的妈妈，她的焦虑旋涡曾令我喘不过气和无力摆脱。夹在这两种模式之间，我屏息度过了整个童年。而事实上，我的确患有哮喘并且接受了很多相关治疗。在成长过程中，我没有体验过情感上的安全感。心理咨询让我了解到，这些经历可能是我感到严重焦虑和抑郁的部分原因。在接受了多年的谈话治疗后，虽然我的脑海中充满了洞察力，但身体里依然遍布焦虑和抑郁。洞察力并没有改变我的感受，而我很可能要转向药物治疗。

幸运的是，我参加了一堂瑜伽课。当时的我实在无法忍受保持静止时脑海中不断涌现的焦虑感，所以总是中途离开。但我总算坚持到了最后，完成了放松姿势萨瓦萨那。那是我从未体验过的感觉。我喜欢这种有深度的具身感，它令我感到既宁静又平和。我开始渴望这种感觉，我迷上了瑜伽，瑜伽是我身心治疗世界中的"药引子"。我沿着这条轨迹参加了纽约市整合瑜伽学院（Integral Yoga Institute）的瑜伽教师培训课程，并向艾米·温特劳博（Amy Weintraub，瑜伽治疗领域的领导者，开发了针对抑郁症和焦虑症的瑜伽治疗方案）、阿诺迪亚·朱迪思（Anodea Judith，独具开创性的脉轮心理学和身心医学专家以及身体治疗师）、乔·卡巴金（Jon Kabat-Zinn，身心医学研究者和临床医生以及正念减压疗法的创始人）、辛德尔·西格尔（Zindel Segal，正念认知疗法的联合创始人之一）等身心治疗与创伤疗法的先驱者学习。

在这趟治愈之旅中，我的身体仍记得小时候父亲大喊大叫时感受到的恐惧和惊慌。现在，作为一名成年女性，我意识到当我感到房间里有攻击性气息时，我仍会经历那种僵住的状态。过去，当我在一家公司工作时，会议中经常出现攻击性的行为，我的反应便是僵住，我无法在这个时候说出自己的想法。在意识到我的童年经历是创伤性的，并使用创伤治疗工具来治愈它们留下的具身印记之前，我把自己在会议中表现出的退缩归因为害羞、内向或者在成长过程中被灌输的对权威的敬畏。

通过身心治疗，我经历了改变人生的大转变：在那些令人不安的情境中，我不再被创伤劫持；相反，我能够保持在场，留在自己的身体里，清楚而自信地表达自己的意见。鉴于多年的心理治疗未能改变这种模式，以及我自己因此得出的结论——我有一些严重到连心理治疗都无力解决的问题，这种转变简直就是奇迹。

当我开始深入探究层层叠叠的创伤时，我的真实自我终于得以展现。在发挥自己的力量和发出自己的声音时，我终于能感到越来越安全。

我写这本书是希望它能帮你少走弯路，不要为了解决一些表面问题（它们只不过是创伤的冰山一角）而浪费时间。当我们发现并努力治愈潜在的创伤时，焦虑、抑郁、成瘾、睡眠和体重问题、与压力有关的健康问题、人际关系问题、创造力和生产力方面的挑战，都会得到改善乃至被彻底解决。来访者和我自己的生活所发生的变化可以印证这一点。创伤不会随着时间的推移而消失，也不会因为我们已经"放下过去向前看"或者"内心强大"而消失。创伤试图通过不同的症状引起我们的注意，如果我们忽视它，它就会像受挫的孩子一样变得越来越大声，症状也会增多或加重。无论多么久远的创伤，都想被我们发现，因为它需要被认出，也需要被解决。

当我们关注并回应它的治愈请求时，神奇的事情就会发生。

马库斯的胸口痛

马库斯说话的语速非常快，就像在试图甩开追赶他的人一样。在过去的3个月里，他一直感到胸口痛。他去看了好几位医生，做了所有的检查，结果被告知他的心脏没有任何问题，胸口痛只是压力导致的。然而，马库斯的胸口痛依然在加剧。他的生活节奏被打乱了——他不仅开始失眠，也不再锻炼身体。每天醒来后，他都感到紧张和焦虑。他的大脑会敏锐地捕捉到关于心脏病发作致死的每一个新闻报道，这不断地煽动他的焦虑之火。

我们首先使用了充电练习工具，来帮助被困在头脑中的马库斯转移到身体里。他立即放缓了语速。随着马库斯摆脱了创伤劫持，我们现在能够进行对话了。

在共情了马斯库的压力、胸口痛以及对死于心脏病的恐惧之后，我开始基于更大的视角了解他的生活：是什么让他的心歌唱？他内心的愿望是什么？马库斯靠在椅子上，开始向我分享他对未婚妻妮可的爱以及他对音乐的热情，与此同时，他的脸上露出了一个放松、柔和的微笑。他越是谈及自己的感情和音乐，就越是从内心深处绽放光芒。他说，朋友们都很喜欢他创作并演唱的歌曲，他梦想着能为更多的观众演唱这些歌，但是（此时，他的光芒再次变得黯淡），他害怕在自己的内部圈子之外分享这些歌。而且（他的光芒变得更加黯淡），他不敢定下婚礼的日期，他害怕妮可会因此离开他。他害怕定下婚礼的日期是因为他害怕自己会被解雇（此时，他的声音变得越来越紧张）。作为一名投资银行家，他的工作要求非常高。最近，他的焦虑以及频繁去看医生的行为已经对工作造成了严重干扰。他无法集中注意力，开始在工作中犯错，变得很容易对客户和同事发脾气。在马库斯分享这些的时候，他的呼吸变得越来越短促，并且又开始感到胸口痛。

我对马库斯的分享表示感谢，并请他检查一下当下身体里的恐惧感，试着与这种恐惧感连接。马库斯反馈说，他感到胸口极度紧缩。

我决定请马库斯留在他的身体里，而不是回到头脑中再次受焦虑的摆布。我提议，与其和紧缩的胸口做斗争（这样做会迫使它反击并加剧胸口痛），不如为恐惧留出充满爱和接纳的空间。虽然马库斯对此提议感到惊讶，但还是愿意去尝试。他注意到，自己其实是能够与恐惧的感觉待在一起的，这让他有一种掌控感。随着试验的进行，马库斯还注意到，恐惧并没有像平时那样升级为恐慌。

接下来，我请马库斯带着好奇心且不加评判地询问：胸口的感觉与什么有关？我强调，这个问题与智力无关。我指导他直接把问题扔到让他感到紧缩的地方，并倾听身体的回应。我给了他一个提示：回应可能会以联想、图像、感觉、记忆、内在认知或者直觉的形式出现。我进一步提示说，当他感知到那个回应时，原本的感受就会发生转变。

马库斯认真地遵循着我的指示。在这之前，他因为不间断地去看医生做体检，已经非常疲惫了。在几乎穷尽了传统医学的所有选择后，他对新的、非常规的方法保持开放的态度。经过几分钟的安静的内省后，马库斯轻声说："我害怕失败。我害怕自己配不上她。我害怕自己的音乐不够好。我害怕自己配不上这份工作。"他羞愧地用手捂住了自己的脸。

我为马库斯的发现欢呼，并请他再次感受自己的身体，让身体的感觉（现在显现出来的是羞耻感而不是恐惧感）把他带回到最早的"我不配"的羞耻记忆中。我引导马库斯去练习与自己的内在小孩建立联结，感受、治愈并释放过去的创伤。他慢慢地做到了与内心的男孩建立联结，给长久以来困在羞耻创伤的那部分自己提供安全、慰藉、爱和接纳。

在接下来的几周里，随着这种体验融入马库斯的生活，我教了他一些呼吸技巧来消除他的焦虑并调节他的神经系统。每个技巧只需花费两三分钟，因此，他可以经常在公司和家中练习。他很快就看到了效果——他的胸口痛变得不那么频繁和严重了；他觉得能够控制自己的身体状态了，而这有助于他在工作中获得掌控感；他的专注力和工作效率都有了显著提高；他又开始微笑了，并且开始与客户和同事开玩笑了。大家评论说，很高兴看到"熟悉的马库斯"回来了。

马库斯开始利用业余时间在视频网站上发布自己的歌曲（这样他内部圈子以外的人也能听到），并收到了很好的反馈。有一天，他告诉我，他被邀请到一个派对上演唱自己的歌曲。此时，虽然距离我们开始一起工作才过去了短短几周，但他的胸口痛似乎已经成为一个遥远的回忆。马库斯看起来很健康，自我感觉也非常好。他又能一觉睡到天明了，醒来时也觉得精力充沛。他恢复了锻炼，焕发不一样的光彩。他还有更好的消息要分享：他已经和妮可确定了举办婚礼的日期。

正如你在马库斯的故事中所看到的，对他来说，试图从症状层面解决问题并不奏效。仔细观察便会发现，他面对的所有挑战都有着同一个根源——一种极为普遍的创伤经历。这种创伤很容易因为"这只不过是很久以前发生的事""这无非就是生活""每个人都会经历这些"或者"振作起来就好"等念头被忽略。追踪这种创伤经历所留下的具身印记能够使我们认识并解决它，这样一来，相关症状也会随之消失。

这些症状是创伤的信使，提醒他去关注需要治愈的地方，这样他的生活才能得到拓展。他所感受到的紧缩是旧模式的外壳，即隐藏和回避（现在你可能已经认识到这其实是创伤适应或监狱看守），这些模式与他内心的渴望并不一致。它们必须离开，好为他梦想中的生活让路。马库斯的身体以症状为信使，成功地引起了他的注意。一旦我们传递、接收、承认这些信息并采取相应的行动，就不再需要它们了（它们可以去休假了）。

如果不去留意这些信息，马库斯的恐惧可能就会变成一个自我实现预言。童年被羞辱所造成的创伤在他的潜意识里刻下了"我不配"的印记，这些监狱看守试图确保他不会经历与潜意识里的"我不配"不一致的事情。因此，它们在他原本幸福的感情中制造冲突，削弱他在工作中的表现，并确保人们听不到他的音乐——因为对那些受创伤的部分来说，这一切都显得过于美好了，所以它们必须被破坏，以避免失败的风险、避免暴露他不配的潜意识，并保护他不受羞耻感的困扰。

在马库斯释放了这一创伤之后，不仅症状消失了，他的生活中还涌入了更多的快乐和创造力。身心创伤治疗的这一效果是我最乐意看到的。

一旦我们疏通了创伤所阻塞的通道，就可以无拘无束地体验快乐、兴奋和创造力的流动。

找回变脆弱的能力和意愿

从祖先到集体再到个人，这些不同类型的创伤层层交叠。我们可能会从个人经历出发，回到与此相关的祖先或集体的创伤记忆中。或者，我们还可以通过另一种方式体验这些创伤的交叠：祖先或集体的创伤可能会在我们的生活中创造条件和事件，触发个人创伤。我们的神经系统会对这些事件做出反应，身体会储存关于它们的记忆，以保护我们在未来免受伤害。

我们可以回到身体的创伤记忆中，去完成当时没能完成的体验。当我们建立安全感来完成这些被打断的情绪表达，去满足当时没有得到满足的需求时，我们的身体就可以释放出创伤印记。比如，感到被困在某种情境里无法逃离，或者感到无法表达自己的愤怒，又或者感到很兴奋却不得不压抑——当我们完成这些体验时（真正地逃离，充分地表达愤怒，具身地感受我们热情洋溢的喜悦），便可以让这种恰当的反应得到妥当的见证和回应。当我们并没有因为自己的表达受到惩罚，而是因此得到祝贺、肯定和承认，我们就会体验到什么是治愈。

见证我们最充分的表达，是治愈、整合和释放与创伤有关的情绪的关键。我们试图处理的大部分"个人问题"都不是真正的个人问题。我们的 DNA 中天生就带有这些反应，它们是被集体文化训练出来的。试图将它们当作个人问题来解决是行不通的，因为这些问题并非孤立地产生的，所以无法被孤立地解决。

我们在有其他人参与的群体中遭受创伤，自然也可以在有其他人参与的群体中创造治愈。在生活中，我们总会从他人那里接收到关于自己的扭曲影像。他们无法看到我们的真实面貌，因为他们无法透过自己的内在监狱看清外界。而与此同时，我们自己的监狱则将相当多的真实自我安全地隐藏了起来。要想治愈这些认知扭曲所造成的创伤和因此而产生的错误的身份认同，需要我们坚守自己的真实面貌并被他人看见。我们曾经一同创造了旧故事，也就是监狱的故事。现在，获得了真正的力量后，我们需要共同创造全新的自由故事。我们需要一个支持性的社群帮我们重新找回变脆弱的能力和意愿。

我发现，不管是对来访者还是对我自己来说，线下静修在疗愈过程中都起到了很大的作用。我们发现，当个人的疗愈之旅汇聚在一起时，集体的力量和天赋远远大于非常出色的各个部分的总和。我们还发现，无论我们把什么当作"我们有问题"的证据（深层的秘密或者被羞耻感紧紧包裹的痛苦），其他人也都在紧紧抓住他们的秘密——那些与我们相似甚至完全相同的秘密。

当我们去接触这些禁忌的体验，表达这些禁忌的情感，并在得到他人支持和见证的情况下大声谈论这些禁忌的事情时，他人的理解、慈悲、爱和接纳就会治愈我们。在表达真实自我时，我们可以与那些有同样感受的人建立联结。许多参加过静修会的女性表示，这是她们人生中第一次感到可以如此安全地展现真实的自己，并被看到、听到、支持、祝贺和爱。在这些体验中，能够涌现出足以改变生活的突破——允许自己在充分的表达中受到欢迎和拥抱，并为其他人创造这种神圣的机会。

不要用架桥代替挖地道

对很多女性（尤其是高成就女性）来说，跳过挖掘地道这一步，转而在自己的创伤上架起一座桥，是一种很诱人的选择。我们识别出监狱看守，发现它们防御中的薄弱环节，然后实施一次绝地反击，直接跳到下一章所述的越狱的重要步骤，这样做真的有用吗？

从工程的角度来看，在未解决的脆弱的创伤之上建造桥梁是一个坏主意，因为它迟早会崩塌。它所带来的另一个问题是，我们会错过埋藏在地下的大量黄金。被紧紧地包裹在防御中的，除了我们的痛苦经历，还有那些被我们切断的、与这些痛苦经历相关的部分自我。我们把感觉"不够好"的部分自我藏到了黑暗中：所有被拒绝、被禁止和被诋毁的部分，比如我们的愤怒、性欲以及无尽的需求和欲望。那些让我们觉得"太过强大"的部分，比如博大、辉煌和力量，也都被藏在暗处。这些特质令周围的人感到不自在，经由他们的哈哈镜，它们的形象被扭曲地反馈给我们。对许多女性来说，被藏在深处的阴影中的还有拥有自己的美丽并享受与身体以及自己之间充满爱和敬畏的关系的能力。

这些被抛弃的部分依然藏在潜意识中并控制着我们，直到我们发现并整合它们，才能与它们建立有意识的联系，并找回我们真实的完整性。每当我们跨越那座桥，创伤就会被触发，潜意识就会派出巨魔来收取过路费：压力、烦躁、冲突、孤立、焦虑、抑郁、炎症、头痛、背痛、自我毁灭，这些都是想通过架桥来绕道所付出的高昂代价。

既然我们必须挖掘地道，就让我们通过为这一过程带来安全感、社群以及一些"强大的工具"来重塑神经系统、培养获得快乐的能力。每探究一个新的创伤层，我们就能够更真实地表达自己，更充分地展开自己的生活。

练习：通过抖动来放松

当你在地道中深入地挖掘这些创伤层时，每一层的发现都会带来相应的情绪和能量。使情绪的能量在身体中流动的一个强大而简单的方法是抖动身体。抖动是动物排放有毒废弃物的基本方法：在自然界，当一只鹿虎口逃生后，它会重新站起来，抖动四肢来重置神经系统。同样，当救援人员前往战乱地区时，为了帮助灾民走出创伤，他们所做的第一件事就是让大家聚在一起抖动身体。这是一个跨越语言隔阂的有效工具，抖动之后，人们会变得更加放松和敞开，因为他们的身体系统已经将有害物质排出去了。通过抖动，我们表达并完成了身体在压力下做出的战斗或逃跑反应。

拓展我们的情绪表达范围

创伤把我们的身体收缩得更小，使我们的呼吸变浅，压缩了我们真实表达的范围。它打断了情绪的自然流动，将未经处理的情绪"冻结"在身体内。随着时间的推移，这些情绪会逐渐累积并干扰能量的自然流动，限制我们接触情绪的能力和情绪表达的范围。

祖传、集体和个人创伤导致了这种收缩，决定了哪些情绪表达是不安全的。太热情、太大声、太聪明、太兴奋，以及展示我们的悲伤、愤怒、狂喜和愉悦，都是不安全的。我们所能表达的情绪范围变得越来越狭窄，这使人们感到与自己和他人脱节，活力也逐渐减弱，并造成了人际关系紧张以及产生焦虑、抑郁和成瘾问题。

由于我们很少表达深层的、真实的情绪，所以体验这种情绪的能力也逐渐减弱。我们不习惯在身体中移动这些情绪，当我们试图这样做时——移动被卡住的情绪（如悲伤、愤怒、喜悦以及所有被认为不安全的情感表达），便再次为它们的自由流动腾出了空间。

一旦传导情绪和能量的能力得到增强，我们就更能发挥出自己的真实力量。

创伤的具身解决方法

仅仅谈论创伤是不能解决创伤的。创伤存在于身体里，即使意识的头脑忘记了这些创伤经历，身体也会记得。在创伤工作中，将头脑、身体和精神结合起来是很重要的。要想了解这方面的更多信息，我推荐大家阅读彼得·莱文（Peter Levine）的《唤醒老虎》（*Waking the Tiger*）

和巴塞尔·范德考克（Bessel van der Kolk）的《身体从未忘记》（*The Body Keeps the Score*）。

许多实用的练习和方法都源于这种创伤工作，而且新的方法也在不断发展。它们的共同点是，可以直接与身体的智能一起工作。在工作过程中，首要的一点是创造具身的安全感以访问创伤经历。然后，就有可能在身体、能量以及心灵层面转化这些经历。

选择一个让你觉得舒服自在的心理咨询师非常重要。需要注意的是：在我们与心理咨询师合作时存在一种风险，就是把我们的权威和力量交给一个"知道该怎么做"的人。我就陷入过这样的陷阱——信任咨询师的解释，却不信任自己的内在认知。

在选择咨询师时，可以考虑一下你在表达观点时是否感到自在，以及你是否感到被对方认真地倾听。在确定合作的咨询师之前，可以先在电话里与其交谈或者会面，看看是否能与其产生共鸣。如果你的直觉提出了任何警告或反对，请听从它。你的直觉不会把你引入歧途，所以不要让你的理性思维凌驾于直觉之上。这是我们治愈父权制应激障碍的一个重要部分：要想重新获得我们的力量，不仅要倾听我们的直觉，还要按照直觉的指示来行动。

直觉是二元的，它只会告诉我们"是"或"否"，不会提供合理化的解释或者进行详细的说明（这些都源自头脑，而且不是我们需要的）。当你与自己的心理咨询师相处得很自在时，你肯定会有所感知。当然，你也可以去做一些研究、收集一些信息，但最终，请让自己的直觉做出选择。

第 五 章

——

品味自由

当一个女性能够设计并实现自己的命运时，她自然会纠正这个世界中的一切错误。

——雷吉娜·托马斯豪尔（Regina Thomashauer）

当杰西卡第一次来见我时，她正被焦虑紧紧地包裹着。她在一张纸上列出了想和我谈论的事情，像抓住救命稻草一样紧紧地抓住那张纸。

杰西卡是一位 30 多岁的女性，聪明且富有魅力。她列出的清单显示她属于 A 型人格（这种人格的主要特征是争强好胜、性格急躁、高度自律），她有着高成就女性所拥有的个性。清单上列出的首要问题是：她觉得自己没有时间去结识理想伴侣并组建一个家庭。

她有过一系列充满挑战的恋爱关系。在每一段关系中，她都尽力去证明这段关系不但可行，而且会变得更好。她觉得，只要自己再努力一点，就一定能让这段关系迎来美满的结局。

在我这个局外人看来，很明显，她吸引到的男人都远不如她。杰西卡重视自己的事业、抱负和教育。她定期锻炼，过着健康的生活，而这些男人却并不是这样——他们对自己的生活毫无想法，既不重视家庭和健康，也没有事业心。

时间的流逝令人恐慌，犹如监狱看守在低语："你现在正值黄金年龄，但这不会永远持续下去。你在衰老，看看这些皱纹吧，你在婚恋市场上的保质期眼看就要到了。别再这么挑剔了，你并非那么完美，能找到一个勉强过得去的男人陪在身边已经很好了。你是不是因为不愿意给对方一个机会而错过了这个非常好的人选？别指望灵魂伴侣或者白马王子会凭空出现。你必须得努力经营你的感情，让它成为现实！"

听起来是不是很熟悉？

监狱看守促使杰西卡一头扎进每一段感情中，让她比自己的伴侣们投入得更多，直到她用一连串的心碎和失败"证实"了监狱看守不停地告诉她的事情："我甚至找不到一个能一直陪在我身边的'勉强过得去'的男人，我一定是要求太高了。我必须降低标准，否则我将永远孤身一人，变成一个养了8只猫的疯女人。"

这些都是她脑海中的真实想法。在意识到这些声音属于监狱看守之前，她深信这些想法就是"真理"，因为"证据"十分确凿：她的感情是如此失败。

这些想法日夜折磨着她，将她拉入焦虑旋涡的更深处，让她睡不好吃不好：她限制自己每天摄入的热量，因为监狱看守告诉她，只要再瘦几斤，她的"市场价值"就会增加，找到合适伴侣的机会就会变大。她进行的锻炼变得严厉、强迫、毫无乐趣，成为她与身体和自己斗争的武器。与此同时，她的体重正处于亚健康的边缘。她在工作时难以集中注意力。她变得越来越孤僻，在职场上与他人的互动充满紧张、挑战和冲突。在工作之外，她几乎关闭了所有的社交生活。

现在的你已经知道这就是父权制应激障碍的运作方式。监狱看守不希望我们把目标定得太高，因为无价值感创伤已经在我们的潜意识中植入了"我们不值得拥有这些"的想法。我们的想法、行动以及我们对自己的感觉都反映了这种潜意识的编码。我们把目标定得很低，这样就不会因为得不到那些父权制应激障碍觉得我们无法得到的东西而受伤。

当然，让我们受伤更严重的是那些监狱看守，因为它们阻止我们追求自己真正的渴望，甚至不让我们去了解那些渴望。我们缩成一团，然后逐渐枯萎。我们让自己变得更渺小，试图适应父权制应激障碍模式制造的那令人窒息的紧身衣："不要太耀眼，否则你会被烧死在火刑柱上。"或者，用我母亲的经典名言来说："没有人愿意娶你。"

我相信你已经明白了，要想解决杰西卡的感情问题，不但不能降低她的标准，反而要提高她的标准。她的感情从一开始就注定失败，因为她所吸引的男人只是与那个畏缩着的、穿着紧身衣的、裹脚的她有共鸣而已。这些男人没有能力拥抱她那广博而闪亮的真实自我。她的真实自我迟早会反叛，会要求被看到和被爱。但问题在于：杰西卡并没有展现出自己真正的样子。因此，为了获得内在的许可以追求更高的目标并吸引同等水平的人，杰西卡必须首先认识到并拥抱她那广博而闪亮的真实自我。

我看到许多高成就女性都曾陷入同样的困境而毫无觉察。原因是，在意识层面，她们能够了解自己的成就和价值。杰西卡也是如此。但是，她的潜意识程序与之不符。因此，她需要在深度、具身、细胞和能量层面重新认识自己那珍贵的内在。在此之前，这种自我价值感不足的潜意识程序会一直重复上演，通过破坏她的关系、健康和事业，创造大量收集"证据"的机会，来验证、确认和加强这种程序。

在修通父权制应激障碍的大框架后，我们深入研究了杰西卡的童年经历，发现她的家庭并没有反映出她的价值。她的母亲在她还是婴儿的时候没有对她的需求产生共鸣，总是放任她哭泣而不去照料她。在她还是个孩子的时候，她的感受就一直被否定，没有被倾听。

其实，过去的几代人都是这样成长的。那时的父母受当时的文化影响，认为满足孩子的需求会"宠坏"他们，让他们养成"依赖性"，使他们变得"软弱"且"无法应对生活"。这不是父母的错：他们已经尽力了。但不幸已经发生，几代人都没能发展出应对情绪的能力，因为他们没能从抚养者那里学到这一点。结果，我们看到了进食成瘾、工作成瘾、看电视成瘾、购物成瘾和用药成瘾等各种成瘾的大流行，而且都成为被社会接受的处理（或不处理）情绪的方式。

像杰西卡一样，我们许多人在成长过程中并未获得对完整的真实自我的恰当认同。我们那些生活在"被囚禁"的文化中的"被囚禁"的抚养者，只能向我们传达他们所接受的东西。我们身上的某些部分被他们接受的前提是，他们能接受自己身上这部分。我们其他的一切都被他们否认、忽视或拒绝。这就是我们带入成年期的生命印记——预先让自己缩水、变小，以适应父权制的工厂模型。

对杰西卡来说，父权制应激障碍以及被忽视的个人创伤已经在她身上印刻了这样一个故事："如果我的需求得不到满足，那为什么还要去尝试呢？我必须接受我所能得到的任何东西。"她知道无法从母亲那里得到更多的关注，于是默然接受了这种最基本的母女关系所能提供的每一丝微小的爱意。因此，在其他人际关系中，她也习惯了去接受寥寥无几的爱——她的餐桌并不是为了一场盛宴而设，而只不过是在等待一些食物碎屑。杰西卡的系统没有准备好去处理盛宴，它无法消化，所以拒绝接受。

我们开始使用一些身心工具来帮助杰西卡管理焦虑，并帮助她与自己的身体交朋友。这提高了她面对情绪的能力，并使我们能够着手治愈这些早期童年经历，从父权制应激障碍所造成的"女人的价值更低"的创伤中找回她自己的价值。于是，神奇的故事开始上演。

杰西卡开始认识到自己的需求和欲望。她学会了调整自己的需求，这是她的母亲所无法做到的。她发现了自己真正的渴望是什么，并开始尝试着在生活中实现这些渴望。她加入了社交团体，积极地参加户外探险。她开始了艺术创作，这让她感受到很久以前早就忘记的快乐。

她改变了对待健身的态度。她的日常健身不再由自我憎恨所驱动。她摆脱了我们的文化中数百万人所陷入的仓鼠转轮——为了"看起来好看"而锻炼，却从未对我们的外表感到满意。杰西卡的日常健身从一种自我惩罚的活动，转变为快乐、愉悦、满足以及自我照顾和自爱的源泉。

当杰西卡准备一桌盛宴时，她也在训练自己的身心系统去接纳、消化和代谢更多的快乐、幸福和爱。

离开创伤控制中心

渐渐地，杰西卡能体会到自己是一个有吸引力的女人了。这种感受不是通过智力或自欺欺人的"自信"获得的，而是源于她内心深处发生的真正转变。这使她有能力展现出自己的快乐和喜悦，同时也解决了她的时间焦虑。

她遇到了一个与她以往约会过的男人截然不同的人。这个男人与现在的她一样，能够感知到她的需求。他对她感兴趣的事情感兴趣，支持她做自己想做的事，并且想要给予她所渴望的一切。

起初，这令她感到十分害怕，杰西卡并不习惯这样的关系。她无法让自己品尝这道美味佳肴——它美好得太不真实，要是被夺走了怎么办？她的监狱看守在向她发送信息，并精心计划去破坏她的关系，以保护她免受失望和心碎的痛苦。

杰西卡说："一旦发现我的真实身份和来历，他就会马上离开我。我的家庭是如此混乱，我永远无法把他介绍给家里。他的家庭是那么温暖，我无法和他们产生依恋，我永远无法像他们一样，永远无法成为那个世界的一部分。"杰西卡会与我商讨一些计划，以免让他看到她的全部……也许永远都不与他搬到一起住，是的，这看起来像是一个完美的计划。可是，不住在一起的话，他最终会离开这段关系，因为他想和一个"正常的"女孩建立"正常的"关系，拥有一个像他自己的家庭一样"正常的"家庭。她永远给不了他那样的家庭，因为她并不像他世界里的人那样"正常"。也许，她应该趁他们现在感情还不深和他分手，免得两人都心碎。她告诉自己："是的，就是这样，我今晚就要和他谈谈。"

每当她与我分享这些自我破坏的想法和计划时，我都为我们能够一起走过这段旅程而心怀感激。我们直面监狱看守，承认并感激它们为她的安全所做的努力。之后，我们打断创伤的劫持，帮助她扎根在具身的安全中。我们询问监狱看守在保护她免受什么伤害，并根据答案来治愈潜在的创伤。越狱过程使杰西卡能够把这种奇妙的体验延伸到生活中。

杰西卡确实和这个男人搬到了一起。像花瓣一片片展开一样，她逐渐让他看到了真实完整的自己。他没有因此而逃之夭夭。随着她逐渐展现真实的自我，他更爱她了，他们之间的关系也变得更好了。他的家人和朋友都接纳了她，称她为"他生命中最美好的事物"，她也反过来接纳了他们。他们结婚了。

通过地道离开监狱后，我们需要学会品味和享受自由。我们的眼睛需要适应外界的明亮光线和鲜艳色彩。我们的身体系统需要学会消化、吸收和代谢生活为我们准备的美味盛宴。那些曾被未经处理的创伤阻断的能量通道，现在已经被清理通畅，需要进行扩张并变得更加强大，以便更好地运载所有真实情感散发的能量。我们需要忘记"我能忍受多少"的游戏，去掌握"它能变得多美好"的游戏，这样一来，我们的整个生命体验就会被重新校准到新的现实中。

当杰西卡放下旧游戏，不再去监狱的"成功"记分卡上打钩（不再去关心她到底应该减到多少斤、应该在什么年龄成家），就意味着她不再受制于位于潜意识的创伤控制中心，可以自由、有意识地按照自己的愿望设计和创造自己的生活。杰西卡开始为她的生活绘制新的蓝图——她没能从家庭或社会中得到的蓝图。在感情、自我照顾和事业层面，她也构建了相互支持和无比充实的关系。

开始新的游戏

与杰西卡一样，我们都有一套熟悉的生存指令，它使得我们无法在生活中追求更多。一旦我们开始尝试追求自己想要的生活，就会撞上监狱的墙壁。

我们的母亲和祖母可能并不知道这些墙壁的存在。甚至对前面几代的女性来说，成功、经济独立以及自主选择爱人都不一定是她们的可选项。

我们是越狱的先锋。

没有蓝图，没有榜样，没有规则。我们不再遵循母亲、祖母和祖先的生活方式。我们离开了自己熟悉的一切，我们处在未知的领域——冲破监狱的束缚，走进令人眼花缭乱的光芒中，既令我们感到振奋，又令我们不知所措甚至迷失方向。

当支撑监禁的创伤被治愈时，我们便开始渴望扩展。我们想要更多的快乐、更大的影响力、更广的知名度和更强的经济实力。我们想要的这些东西不再是被监禁时用来换取有条件的爱和认可的筹码。相反，我们深层次的真实欲望不断地在光芒中展开，充分地呼吸自由的气息，让生命力在我们的系统中不断流淌，让我们势不可挡地通过创造和体验进行全面表达。这就是从生存模式转向繁荣模式时我们的感受。

繁荣并不意味着焦虑和抑郁的消失，也不代表睡眠模式和压力水平会恢复正常。它是中性的。繁荣发生在我们消除无形的内在障碍，全面真实地表达自我时；发生在我们感到安全，绽放自己的真实色彩时；发生在我们觉得它毋庸置疑且很正常时。对于这种感受，当下你可能有也可能没有相关的参照。毕竟，只有当我们越狱后，繁荣才会成为一种可能。

请记住，繁荣的技能并不是我们继承来的。在我们之前，一代又一代人掌握的是生存的技能，参与的是苦难的游戏，是"我能忍受多少"

的游戏。新游戏是关于繁荣的游戏，它围绕着一个问题展开："它能变得多美好？"

要想参与这个新游戏，我们需要从头开始制作一个新的工具箱。为了能够有意识地创造自己的生活，我们需要接触自己的欲望，这便是我们的起点。然后，我们把自己的快乐唤醒（几千年前，快乐咬了一口父权制的毒苹果而陷入了沉睡），跟随她去往只有她才知道如何到达的秘密和神圣之地，去连接我们的真实欲望。

升级我们的系统

为了接触欲望，我们需要打开情绪表达的通道。

在上一章，我们看到创伤如何将我们限制在狭窄的情绪范围内。如今，借助具身的创伤疗法，传导这些情绪的通道被打开了，使得我们能够更轻松地通过身心系统传递更多的情绪、能量和力量。

我经常看到高成就女性在没有治愈代际、集体和个人创伤的情况下施展自己的力量。出现在公众视野里并在男性历来占有优势的领域全力以赴，给她们的身心系统带来了巨大的负担——在机会以及被他人信赖的层面都面临着压力。被他人信赖是男人的无意识特权之一。总之，女性面临着来自父权制的许多有形和无形的阻力——从各种工作流程上的障碍到微歧视，再到源自父权制应激障碍和其他创伤的潜意识程序，都对女性不利。

因此，成功女性的神经系统有着巨大的能量需求，但她们的身心系统并没有为此做好准备或训练。我们的系统是按照母亲和祖母的模式塑造的，但相比而言，时代对我们的要求无疑更高。在生物学层面，我们还没能跟上我们面前的机遇，这令成功且有成就的女性感到筋疲力尽，就像驾驶一辆丰田卡罗拉去参加F1比赛一样。我们在比赛中全力以赴，与男性并驾齐驱，但我们的引擎过热，车辆分崩离析。我相信，这是高成就女性普遍感到职业倦怠的潜在原因之一，也解释了《财富》500强公司中女性CEO数量的回落。值得庆幸的是，我们拥有一个解决方案——系统升级。

我们越是能够通过所有的感官去充分地体验生活，就越是能够发挥自己的所有能力。我们完全能够以自己的最高水平去参与生活并表现自己。我们的创造力、生产力和内在觉知力也变得触手可及。在看到和抓住机会的过程中，我们会体验到意外之喜。

恭喜你，越狱者：你的前方有一条美丽的赛道。你要做的，只不过是升级你的车辆，你有权选择一辆豪华赛车。为了得到它，你需要重塑自己的系统，给它提供一次"繁荣"的升级，让它不再为生存而战。

快乐警察的职责

还记得监狱看守吗？那些让你在无形的内在监狱中受到束缚的创伤适应。类似地，在这段旅程中，当你抛开"我能忍受多少"的旧监狱游戏，并掌握"它能变得多美好"的新游戏时，你所遭遇的阻力会以"快乐警察"的形式出现。

快乐警察控制着你能体验到多大程度的美好。它们是内在执行者，内化了父权制对快乐的禁忌。就像监狱看守一样，快乐警察也不是坏人，它们也发挥着重要的作用。要知道，由于闲置了几千年，我们体验快乐的能力已经大大减弱，甚至几近枯竭。运行快乐和力量的能量通道已经萎缩和衰竭了。对于我们来说，充分通电并突然将表盘从1档转到10档是有风险的——我们的神经系统会感到不堪重负。

在纽约时，当我和家人搬进一栋建造于20世纪中叶的现代住宅时，那里的电力系统还保留着1962年的原始风格。使用现代家电时，保险丝每天都会被熔断多次，所以我们只能使用电热水壶或者吹风机。这个问题在我们升级了房子的电气系统后才得以解决。我们的身体也是这样运作的：当我们通过一个尚未升级的系统运行逐渐增强的快乐和力量时，超负荷的能量会使它不堪重负。

为了更深入地解释和说明这个问题，我转向了瑜伽教义中关于昆达里尼（kundalini）觉醒的部分。昆达里尼是一个梵文词汇，描述的是生命力，即盘踞在脊柱底部的能量和意识。当瑜伽练习者根据指引，试图解放这种休眠的能量，使其开始在通道中流动时，可能会导致系统不堪重负。练习者可能会因此经历一场危机。这场危机不仅体现在精神层面，也体现为心理和身体症状。

快乐警察对快乐进行了限速，这有助于保障旅程的安全。当我们听从它们的提醒时，就会被指向需要增强能力的方向，打开潜意识的许可，以体验更多的力量和快乐，并以更大的容量和速度来接收和传递这种生命能量。之后，我们便可以安全地提升速度了。随着交通工具的升级，我们能够更快、更安全、更无畏地奔跑，在这个世界上获得成倍的乐趣，同时不用担心倦怠或危机的发生。

练习：有意识地表达情绪

为了打开并增强能量通道，我们首先需要清除被中断的、未完成的、未解决的情感体验中被阻塞的情绪能量。这个练习旨在帮助你探索这个过程。

情绪是粗粝和原始的。想想看，蹒跚学步的小孩子是如何用尽所有力气大发脾气来表达挫折感的？当他们体验到狂喜时，也是从头到脚全情投入的。我的女儿在失望时会做一个精彩的噘嘴动作。当她穿过走廊时，她的头和肩会耷拉下来，手臂会毫无生气地垂下，一边拖着脚走路一边跺脚，仿佛要让别人知道她的失望和不满。

一个可以帮助你拓展情绪表达范围的方法便是唤醒你的内在小孩。

创建音乐播放列表有助于你更好地感受自己的情绪。你可以创建一个能引发愤怒的播放列表、一个让你感到悲伤的播放列表，以及一个能唤起快乐的播放列表。

首先，准备一个足够的空间进行自由活动。在地板上铺一个瑜伽垫或地毯，用软垫和枕头围住自己。创造一个允许你释放和体验各种情绪的空间。

请试着表达此刻你正在经历的情绪。试着通过动作和声音来表达它。感受一下，你的身体想如何处理这种情绪？你的身体想以哪种方式移动？你想发出什么声音？

记住，你并不是现在的你——一个经理、领导或者企业主，对他们来说，这个练习可能会显得很愚蠢，像是在浪费时间。所以，就让那个2岁的自己尽情享受这个练习吧！给这个2岁小孩百分之百的许可，让其通过整个身体表达愤怒、悲伤和喜悦。（值得一提的是，这也是我所了解到的最好的"抗衰老"练习之一。）

在身体中，每种情绪都会具身地表达出某种"特征"。例如，愤怒的特征可能会表现为牙关紧闭、肩膀紧绷和身体发热。请用这个练习来观察和了解你的具身情绪特征。这样一来，当它们出现时，你就可以更有意识地识别和处理它们，而不是任由它们在潜意识中主导你的行为。

你可以使用面部表情、紧握的双拳、跺脚、龇牙和尖叫来表达愤怒。（声音的大小并不会妨碍你由此获益，真正重要的是允许自己发出一些声音，所以请对你的声带温柔一点。）此外，你还可以拍打或投掷周围的枕头和垫子。通常情况下，愤怒的情绪背后隐藏着哀伤和难过的深层根源。当你感受到愤怒的能量在流动时，试着让自己变得敏感起来，去觉察这种能量想要如何转变。

为了表达悲伤，你可以抱住自己、号啕大哭、来回摇晃，也可以在地板上打滚。当沉重而又缓慢的悲伤试图把你拉向地面时，你还可以爬行。不要想太多，放手让你的身体自己做主。第一次做这个练习时，身体可能会感到胆怯和害羞，不确定它是否有权表达自己——因为它在多年前就被剥夺了。不过，如果你把自己带回到2岁，重温那时你所拥有的智慧，就能够打破这个魔咒。

当你将注意力集中在身体产生的感觉上，试着感受一下悲伤的能量是如何想要再次转变的。试着通过安抚自己的神经系统来欢迎这种转变。用指尖轻抚自己的脸，用令人安心的力度抚摸手臂，给自己一个拥抱。接下来，继续轻抚引起你注意的其他身体部位。

一旦平静和安宁降临，欢乐的游戏场便准备就绪了。去播放那首快乐的歌曲，跳那支傻乎乎的、疯狂的、欢快的舞蹈。请发出"哈哈哈哈哈哈"，直到你迸发出愉快的大笑声。不用像淑女一样笑，而要像可敬的2岁小孩那样笑出声来！通过你的脸、耳朵、脖子、肩膀、手臂、手掌、手指、胸、腹、背、屁股、阴道、腿、脚背和脚趾来笑！让你身体的每一个细胞都参与到欢乐的交响曲中。

在这个练习中，你可能会发现有些情绪比其他情绪更难连接。对女性来说，愤怒可能是一种很难充分连接的情绪。如果你不能连接到自己特定的情绪，就试试看为别人表达这种情绪。例如，如果你无法连接到自己的愤怒，就去连接你母亲无法表达的愤怒，或者来自祖母、朋友甚至是你喜欢的影视人物的愤怒，为他们做这个练习。当你探索如何全方位地表达情绪时，你的情绪通道将会被疏通。

大部分情绪能量都能在几秒钟内流过我们的身体，而且随着我们不断练习，流动会变得越来越容易。根据神经科学的研究，情绪在身体和头脑中的寿命是 90 秒。你可以在大约 6 分钟内完成这整个练习。

我们为什么要"浪费时间"有意识地表达情绪呢？这和我们"浪费时间"使用牙线的原因一样。通过移动情绪的"牙线"（解锁因身心紧张被困住的情绪能量，并使其流动起来），我们可以防止无用的物质在系统中积累、腐烂，进而造成压力并引发自己和周围人都会感到的情绪痛苦。体验全方位的情绪表达就像使用牙线一样。当我们不能有意识地让情绪流动时，它们就会反过来通过潜意识操纵我们，而且几乎不会朝着我们期待的方向流动。

这个练习最难的部分是认识到我们何时需要这样做，其次是给自己这样做的许可。我们通常是最后一个注意到自己内心压抑的人。家人和同事已经早我们一步感觉到了——我们变得易怒、不耐烦、冲动、注意力不集中、与周围的一切脱节、心不在焉。原因在于，当我们被创伤劫持、困在监狱看守的故事中、被压倒性的情绪带走时，我们很难保持清醒的意识和觉察。因此，明智的做法是，无论我们是否需要，都定期在一个安全可控的环境中练习这些情绪表达，就像使用牙线一样。通过练习，情绪通道就能始终保持开放和畅通，我们就能获得更多的在场、连接、专注和爱——我们的家人和朋友可以证实这一点。

刚开始练习的时候，你可能会感到非常奇怪和尴尬。你可能不想独自做这个练习。所以，我鼓励你与他人建立连接并寻找机会有意识地表达情绪。当我们聚在一起彼此帮助、互相支持时，就能够创造更深层次的体验。

这就是我组织女性越狱者一起做这个练习的原因。我们会背对彼此围成一圈，这样，每个女性都会感到被集体的能量连接和支持，同时也能安全地保护自己的隐私，不用担心自己被评判。练习结束后，大家纷纷分享它带来的疗愈作用——允许她们表达自己的愤怒、悲伤和喜悦，而不会因此被评判、惩罚或拒绝。看到这样一个简单的练习开始融化女性数十年来累积的自我审查、自我评判以及错误感和无归属感，真是太好了。

此外，你还可以将情绪表达融入有意识的运动如舞蹈或瑜伽之中，以鼓励你的情绪在运动时通过身体表达出来。可以播放一些有助于你进入特定情绪的音乐，让身体来引导你运动。

10 秒钟带来的转变

当表达通道打开后，我们便能够从周围的世界中获取更多的感官细节。当我们能够培养出对感官体验的意识时，就能够放慢速度，更充分地活在当下。不仅如此，我们还能从每段经历中汲取乐趣，以滋养和激发我们的能量，支持我们从"我能忍受多少"的游戏转向"它能变得多美好"的游戏。

如果放慢脚步享受快乐对你来说是一种挑战，那么你并不孤单。神经科学家们已经表明，人类拥有消极偏见（negativity bias）：消极负面的体验会被瞬间记录下来，而积极正面的体验则大多容易被忽略，因为对生存来说，它们是非必要的体验。里克·汉森（Rick Hanson）和里克·门迪厄斯（Rick Mendius）解释说，大脑"会本能地搜寻不良信息，当它不可避免地搜寻到负面事物时，就会立即将其存储起来以备随时快速提取。相比之下，积极的体验（当然，'金榜题名'这类人生巅峰时刻除外）一般是通过标准的记忆系统来记录的，因此需要在意识中保持10 ~ 20秒的觉察，才能真正被存储系统吸收"。

换句话说，这就是焦虑的生存之道。

尽管积极的体验并非生存的必要条件，但它们对个人的发展和繁荣至关重要。为了有效地从旧的生存游戏转向以繁荣为目标的新游戏，我们需要习得一套新的繁荣技能。例如，有意识地引导大脑回路记录积极的体验，每次至少花10秒钟的时间通过感官与它们保持同在，以使这些快乐的印记变得强大而持久。如果坚持下去，这个练习将成为情绪管理和预防抑郁的有力工具。

我曾接受过为期8周的正念认知疗法（Mindfulness-Based Cognitive Therapy）培训。研究证明，这种疗法在预防抑郁症复发方面比传统的谈话疗法和药物治疗更加有效。它的强大之处在于关注并追踪积极体验的能力。我很欣赏这种疗法，因为它引导参与者关注具身的体验，而不仅仅聚焦在认知层面。我在实践中整合了神经科学的发现，进一步发展了这个疗法——积极体验需要超过一定的时间阈值才能留下印记。我指导我的来访者在每次体验中至少停留10秒钟，如果可能的话可以停留更长时间。来访者反馈说，他们的情绪、精力、恢复力和整体心态都发生了迅速而持久的积极转变。这些转变包括更容易接受新机会，以及在与自己和他人的关系、工作和生活的其他方面都感到更有联结感和满足感。

快乐正念

正如我们在第三章看到的那样，传统的正念练习是通过感官来体验当下。我们敞开心扉去感知我们看到、听到、触摸到、闻到和尝到的事物，这些感官细节使我们能够直接通过身体与环境建立联结，而不是通过认知概念和解释的过滤。这种差异就像真正品味一顿美味佳肴与只靠阅读菜单来画饼充饥一样。当我们停留在自己的头脑中而不是身体里时，就无法参与到当下的实际体验中——我们没有真正品尝到美食并得到它的滋养。

这并不是我们的错。创伤使我们困在头脑中，没能养成通过身体和感官来体验现实的习惯。因此，我们错过了生活中的众多中性时刻和愉悦时刻，没能从中得到滋养。而负面的经历能在不消耗意识资源的情况下被轻松地记录和堆积起来。这些负面的经历形成了一个生存参考库，当我们生活在头脑中而不是身体里时，它就会对我们的体验进行过滤，使之向焦虑、消极心态、疏离和抑郁倾斜。

想想从家门口走到车库这一不起眼的经历。像这样平淡无奇的事情都是自动发生的，因为头脑已被训练好，知道要使用最小的力气将我们从 A 点带到 B 点。在生存模式下，头脑是一台高效的机器。但是，如果我们想要发展和繁荣，就需要从"仅仅从 A 点到 B 点"转变为"真正去体验和享受这段旅程"。

我曾有幸向西方正念运动的先驱乔·卡巴金学习。他是这样描述正念的："正念意味着保持清醒，意味着你知道自己在做什么。"

生活每天都为我们提供一桌令人惊叹的盛宴，但我们的头脑只对阅读菜单感兴趣，它根据过往的经验提前判断这道菜的味道是好还是坏，把以前尝过的东西都打上钩。"我以前见过这棵树，我以前吃过这道菜，我以前在这张床上睡过，我以前洗过澡，因此我不需要关注这些。相反，我会用尽全力去追踪潜在的威胁。"

与头脑不同，在感官看来，一切都是崭新的。你从未在这个特定的日子、这个特定的光线下、这个特定的时刻看到过这棵特定的树。类似地，对身体来说，每个瞬间都是真实、鲜活和崭新的。我们越是能够意识到清晨起床时床单贴在皮肤上的触感、肥皂的香气和沐浴时感受到的温暖，我们就越能品味到这一刻的美好。

巧合的是，研究表明正念练习可以帮助我们把愉快的经历变得更愉快，把不愉快的经历变得不那么不愉快。原因可能在于，我们的头脑会忽略对生存来说不必要的积极事件，并从充满痛苦经历的参考库中提取负面事件加以阐述。当你不小心碰伤脚趾时，你不仅会感受到来自身体的疼痛，还会在头脑中上演思维风暴，比如："天哪，我真是太笨了。好疼啊。我讨厌这张沙发。"让感官参与我们的体验是破除这种有害干扰的解毒剂，它可以帮助我们最大限度地减少头脑的过滤效应（它放大了负面事物，淡化了正面事物）。

如果你想从舔菜单转变为享用美味佳肴，那么正念就是你的朋友。在越狱之旅中，我们会进一步发挥正念的好处，帮助我们抵制头脑带来的消极偏见，并增强从日常体验中获得快乐的能力和容量。注意：下面的练习是越狱课程中第五步的一部分，如果你在练习的过程中遇到了阻力，或者觉得无法从这个练习中获益，那可能意味着你还需要在前面的四个步骤中做更多的努力。

练习：快乐正念

首先，留意能在此刻给你带来快乐的任何体验。它可以简单到仅仅是感受手中那杯茶的温润，也可以是走出房门去感受阳光照在皮肤上的温暖，还可以是吃一顿美味的饭菜或者泡个热水澡。尽你所能地通过五种感官来体验这一时刻，让这一过程至少持续 10

秒钟。给你的系统留出足够的时间，让它将这次体验印刻在你的内在参考库中。

从这里开始，这个练习的下一步是问自己："我怎样做才能增强这种愉快的体验？"在此，我给出两种可行的方法。

第一种方法是进一步允许自己体验快乐。在这一刻，你还能感受到什么？你能在这里停留多久？你还注意到了什么？

第二种方法是通过调整某些东西让体验变得更加愉悦。你是否可以调整椅子，让自己感到更加舒适？深呼吸或者放松肩膀会让你感觉良好吗？如果你正在洗澡，那就把水流调整到最适宜的温度。将音乐调高或调低到你想要的音量。靠近那些你想要近距离观察的事物。每一次调整都能使你的体验变得更加愉快，请试着在调整后的状态中待上 10 秒钟。

当你能够觉察什么是快乐时，便可以创造"快乐触发器"。什么样的质地和气味能吸引你？什么样的景象和声音能吸引你的注意力？当你识别出日常生活中自己喜欢的物品和元素时，可以把它们当作感官护身符和定海神针，帮助你练习把意识锚定在快乐中，并根据自己的需要获取快乐带来的滋养。

快乐的进阶

我们从自然愉悦的体验开始了快乐正念的练习。接下来，我们需要更进一步，把注意力转向中性的体验。

在取邮件的过程中，你能否找到一些快乐的瞬间？当你走向邮箱时，试着将你的意识聚焦在身体的感觉上。你可能会注意到你的脚在鞋子里感到很舒适，或者光线在以一种令你感到愉悦的方式洒落。也许你喜欢手中的纸张带给你的触感。遵循同样的步骤，你可以感受平凡的时刻带来快乐，从而提升你的生活体验。

当我们通过练习培养出将快乐带到中性体验中的技能后，就可以进一步将快乐正念带到不愉快的体验中。也许，坐在牙医的椅子上会令你感到紧张和不适，但你可以把注意力集中到能帮你增强舒适感的地方：也许空气的温度很适宜，或者躺椅对背部的支撑让你感到舒适，又或者你可能会喜欢漱口水的薄荷味清香。

通过在本质上并不愉快的体验中觉察到任何形式的快乐，你可以从应激反应转变为放松反应，从收缩状态转变为扩张状态，从"只是在生存"转变为"发展和繁荣"。

请记住，这些练习是在越狱课程的第五步中介绍的。在你从"安全"转向"快乐"甚至是"更多快乐"之前，练出一些"肌肉"以实现从"不安全"到"安全"的转向是非常重要的。

我们练习得越多，就越能调整自己的内在雷达，以便在所有事物中寻找愉悦。这产生了一种多米诺骨牌效应，使我们不仅能在当下体验到更多的快乐，还能期待未来的快乐。例如，当我们期待他人对一项提议做出肯定的回复时，即使最后被对方否定了，我们也更有可能将其理解为"暂时还没同意"或者"塞翁失马，焉知非福"。这并不会使我们失去动力，反而能训练我们有意识地调整自己的体验，使其朝着"索要更多"和"接受更多"的方向发展，并勇于提出带来更多快乐的请求。换句话说，快乐正念可以改变你的生活。

学会表达我们的需求

当我的来访者梅根第一次开始练习快乐正念时，她的快乐警察以一种很容易预见的方式进行了反击。它们说："这完全没有必要。你在做什么？这纯粹是浪费时间。"但是，由于她知道如何与它们打交道，所以她仍然能够继续进行练习。

她一开始只是练习注意一些简单的事情，比如留意自己喝下一杯水时体验到的快乐。她意识到自己想用一只精美的玻璃杯喝水并在里面放一片柠檬，于是她立即升级了自己的餐具。然后，她开始注意到更多的事情。虽然她的家人每天都比她早回家，但当她下班回家时，洗碗机里总是堆着没来得及取出的餐具。她会清空洗碗机，布置好餐桌，然后把晚餐摆放在桌子上。她意识到这样做并没有给自己带来最大的快乐，于是她有史以来第一次问家人，是否可以在她回家之前帮忙清空洗碗机。

他们都很乐意帮忙，这让梅根感到困惑，多年来，这件小事一直是她心中的一根刺。每天回家看到洗碗机里堆满餐具，她的心情就会一落千丈，脑海里就会开始回放这个故事："他们根本不在乎我，我在他们眼中是隐形的。整理洗碗机有那么难吗？如果真的在乎我，他们会整理好的。"但是，她从来没有真正要求他们这样做，因为根据她的负面经验参考库（有些是她自己的，有些是继承来的）所定义的女性权益范围，她预料自己会遭到反驳。既然如此，她为什么还要提出要求，然后在羞辱和沮丧中"确认"自己的故事——她的家人不在乎她？作为一个女人，她的职责就是照顾他们的所有需求？她没有资格被照顾？

为了确保你不会误解，让我澄清一下，梅根并不是一个脑胆怯懦的人。她是一头母狮，是家里的经济支柱，是以直截了当、实事求是的沟通和管理风格闻名的高管。那么，在家里她为什么会有所保留呢？

其实，许多女性都和梅根一样。金钱专家法诺什·托拉比（Farnoosh Torabi）在她的书《她赚得更多》（*When She Makes More*）中引用了一项研究。该研究表明，在异性婚姻中，相比那些赚得比丈夫少或跟丈夫的收入相当的女性，收入超过丈夫的女性承担了更多的家务。现在，你应该很清楚，这并不是女性的错——因为她们在传统给女性圈定的范围外有所表现，所以父权制应激障碍促使她们进行过度补偿。正如你现在所知，所有这些选择都是由我们的潜意识驱动的。你现在可能就在做一些你自己都没有意识到的选择（这些选择让你的表现低于你的实际能力），并且在容忍那些使你的生命失去活力的事情。我不止一次发现，自己的父权制应激障碍适应其实一直隐藏在众目睽睽之下。

当我把这个问题带到梅根的意识中时，她开始感到困惑，不明白一直生活在不快乐之中的自己为何从未对此提出疑问。接下来，她开始对家人提出要求。由于她已经练习过快乐正念，所以，她并没有从沮丧感和旧游戏的角度提出要求，没有询问"哪里出问题了，我该怎样解决这个问题"，而是从新游戏的快乐角度提出要求："什么是我真正想要的，我该如何进一步实现它们？"

当我们怀着受伤的心情进行沟通时，会倾向于指责他人："你要为我的感受负责。"这种源于创伤的交流方式会使我们与自己和他人脱节。受伤的交流方式看起来可能像这样："真是不敢相信：我工作这么辛苦，工作时间这么长，结果当我筋疲力尽地回到家里时，你们甚至都懒得整理这该死的洗碗机。我真不敢相信你们居然如此自私。"

听起来是不是很熟悉？

梅根并没有采取受伤的交流方式，而是基于联结和家人沟通："我真的很期待能与你们共进晚餐，我正在为大家准备一桌好饭菜。你们知道吗，如果你们能在我回家之前把洗碗机整理好，我们就能更快地吃上饭，而且还能帮我放松下来，享受与你们在一起的时光。你们愿意这样做吗？"

在这种以快乐为基础的沟通方式中，她提到了他们的价值和贡献，这样她就能更放松地享受与他们在一起的时光了。这样的沟通不会造成内疚和羞愧，而是会带来认可和感激。她没有制造冲突和割裂，而是增强了亲密和联结。

需要注意的是：这并不是一个肤浅的"沟通技巧"，也不是一个"装着装着就弄假成真了"的把戏。本书中的所有策略都不是这种表面功夫。如果你在累积了几十年的积怨和愤怒的蛋糕上涂一层甜蜜的沟通糖霜，它的味道并不会变好，尝起来依然会很糟糕。

当我们真正基于快乐和愉悦行动时，人们可以感受到我们所散发的快乐气场。他们会更愿意待在我们身边，倾听我们讲话，与我们合作。他们会满足我们基于快乐的立场提出的要求，以创造更多的快乐。这不仅会给我们带来快乐，也会让他们感到快乐。不过，我们首先需要让自己变成一个快乐的人，给他们做示范。我们的伴侣非常渴望满足我们所需要的一切，他们只是需要我们的引导，所以我们要确切地告诉他们什么能令我们感到快乐。为此，需要连接自己的需求和欲望——正如我们在整本书中所看到的，这需要花费一些时间穿越父权制应激障碍设置的层层防御。

这种快乐会带来快乐的原则不仅适用于你的亲密关系，也适用于你能想象到的每一种情况。大多数时候，人们与他们当下的快乐脱节，而这会向其他人传递一个信息：他们的存在和贡献没有得到重视和赞赏。

我清楚地记得第一次进行快乐试验的情景，那是在圣地亚哥的一家餐厅，因为我是独自一人用餐，所以被店员引向了一个不太理想的餐桌就座。但我还是跟随自己的快乐需求，向店员提出请求，想要坐在一个临海的餐桌旁。我的精神状态与沟通方式充满了放松、快乐和欣赏，我浑身上下都洋溢着欢乐。在此基础上，我进一步提出其他请求：想要一条保暖的毯子，还希望能品尝一些葡萄酒样品以便决定点哪种。此时，我那守旧的监狱看守出现了。它告诉我，我在打扰店员，并且使用了"难应付"和"苛刻"等字眼（这些词常被用来形容一个要求自己所需物品的女人）来形容我。然而，我仍然保持着我的快乐。我舒服地靠在椅子上，双腿搭在另一张椅子上，身上裹着毯子。我尽情地享受着咸咸的海风、美味的食物和可口的葡萄酒。当店员来结账时，他面带温暖的微笑说："今天能为您服务让我感到非常愉快。"

离开时我环顾了一下这个华丽的高档餐厅的露台，被我内心的快乐状态与其他用餐者的忧愁状态所造成的不协调震撼。他们明明可以欣赏到同样的海景，品尝同样的美食和美酒，甚至和有同伴共享快乐。然而，他们的脸上却没有呈现任何快乐，反而因忧虑紧皱眉头、心不在焉或者陷入沉思。没有任何一张脸被内在的快乐光芒照亮而变得放松。那一刻，我意识到，活在自己的快乐中能为这个世界带来价值。这绝非自私、放纵、无足轻重、无关紧要的行为，也不会给他人带来不便。

与之相反，我的快乐大声地广播了我对他人和周围世界的欣赏之情，而这种广播频率是有感染力的，对现今的文化疾病如压力、焦虑和孤独来说，是一剂强力解毒剂。这是一场生存游戏，即便处于最奢华的环境中，人们依然在继续这场游戏。因为外部环境并不能把我们从无形的内在创伤监狱中解放出来。只有内在的工作和疗愈才能创造越狱的机会，使我们在任何情况下都能真正做到发展和繁荣。

袜子抽屉终结了我的婚姻

一个警告：快乐正念可能会对你的生活产生巨大的冲击。

在经历急诊室事件后不久，我开始练习快乐正念，重新与自己联结并找回真实的欲望。这个练习促使我重新整理了自己的袜子抽屉，并且有了一个惊人的领悟：我并不喜欢我所拥有并经常穿的大多数袜子。事实上，我讨厌这些袜子穿在脚上的感觉。那么，为什么我还留着这些袜子呢？

我在苏联的贫困环境中长大，所以绝不会扔掉破了洞的袜子。母亲和祖母会把它们缝补好，我也在很小的时候学会了怎么缝袜子。因此，仅仅因为袜子穿着"感觉"不舒服就把它们扔掉，似乎是一种异端行为。

这是我第一次意识到自己究竟在生活中忍受了什么。当这张多米诺骨牌倒下时，它在我生活的其他领域造成了觉醒般的涟漪效应，让我觉察到了那些让我感到不对劲、无法带给我快乐的事物。我开始意识到在婚姻中自己一直在忍受着什么，那是多年的婚姻治疗加上我们双方的不懈努力都未能解决的深层次的根本问题。

弄清楚那些你正在忍受的事物后，就能为新事物腾出空间了。整理袜子抽屉虽然终结了我的婚姻，但它也为我的生活打开了空间，让我焕发光彩，不再觉得自己就像行尸走肉。我开始设计我所渴望的充满快乐和深度联结的生活。在我的快乐被唤醒之前，我从来都不敢承认自己并没有得到一直渴望的东西。就像我的来访者杰西卡以及其他许多女性来访者、朋友和同事一样，多年来，我一直在"努力"维系自己的感情。

在这一切背后，父权制应激障碍已经预先校准了我在婚姻中所参与的游戏，即"我能忍受多少"，而不是"它能变得多美好"。婚姻不应该是一个女人快乐和狂喜的来源，所以我也没指望自己的婚姻能带来快乐。我的丈夫是一个非常好的人，也是一个好爸爸，所以我的监狱看守说服我：这就足够了，不应该贪心，不能再要"更多"。它们的理由非常令人信服："每对夫妇都有自己的问题，你必须努力维系你们的感情。许多优秀的女性都是单身，难道你更愿意成为她们中的一员吗？作为一个40岁的单亲妈妈，你再也找不到伴侣了，更别提找到一个好伴侣了。"但是，当我拽了一下让我讨厌的袜子上的线头时，整个袜子都脱线了（所有的问题都浮出了水面）。我不得不面对真相：我并不快乐。多年来，我一直都不快乐。我并不悲痛，因为我的内心已经死去了。我们的女儿应该有一个充满活力、保持联结、生机勃勃和感到快乐的母亲——是的，快乐！我要敢于渴望快乐。

我与丈夫进行了一场酝酿多年的谈话。这些年来，因为无止境地"努力"维系婚姻却没能得到令我们任何一方感到满意的结果，他也感到筋疲力尽了。双方累积的痛苦和怨恨正在为我们两人以及女儿制造一个有毒的生活环境。于是，我们友好地决定分道扬镳。

我并不是主张大家都离婚。这是我在自己的婚姻中所考虑的最后一个选项，也是我与来访者工作时所考虑的最后一个选项。我热衷于帮助伴侣转变他们的关系。看到人们经历多年的无性婚姻后再次坠入爱河并变得亲密无间，经历多年石墙般的冷漠、有毒的争吵和怨恨后还能在彼此的陪伴下重新焕发光彩，每每令我感到惊喜和不可思议。这种转变需要伴侣双方都与自己的隐藏创伤联结，并了解和修通创伤（一起努力或分别努力）。在一段关系中，要想成功地越狱，往往需要两个人共同努力，而且更多时候还需要在一个熟练的指导者的帮助下进行。

超越内疚和自私

女性往往不习惯去关注那些让我们感觉良好以及能给我们带来更多快乐和愉悦的事物。当我们敢于考虑自己的需求时，监狱看守就会立即采取行动，让我们感到内疚。我们会觉得自己太过自私，甚至怀疑自己做错了："我怎么敢在本该洗衣服的时候停下来闻花香呢？我怎么敢如此忘恩负义地想要在生活中拥有更多呢？我的生活已经很好了。我是在挑战命运吗？"

父权制应激障碍监狱的行为准则明确规定了女性有权享有什么、无权享有什么。监狱看守控制着我们，以确保我们遵守这些行为准则。每当监狱看守出现时，我们都可以重新回顾一下充电练习，以及其他那些能帮助我们跳出创伤时间机器，回到当下和身体里的技巧。我们感谢监狱看守的保驾护航，然后看着他们舒舒服服地回去打牌，这样我们就可以不受干扰地继续追求我们的渴望。通过这种方式，我们的神经系统便能够从发送"不安全"信号转变为发送"安全"信号，而这正是敞开心扉去迎接快乐的必要前提。

这种情况经常在卧室里上演。对大多数女性来说，性行为会触发神经系统并使之陷入创伤反应。她们的身体感到不安全，但她们的头脑却试图合理化和推翻它："我爱他，这本应该让我感觉良好，所以我肯定有什么问题。"她们在性爱过程中感到疼痛，或者很难唤起和达到高潮，而她们会根据父权制应激障碍的指示责怪自己。如果你也有这样的经历，在敞开心扉接受快乐之前，我鼓励你先通过练习建立安全感和处理创伤。

对此，我的建议是向身心创伤专家寻求帮助。当然，在为自己寻求帮助的同时，也不要忘记你的伴侣，因为他需要更好地理解你的需求，而且他也能从自己的创伤治疗中受益。关于如何寻找和选择相关的从业者，我在自己的网站上提供了一些建议。

当你开始深入地享受快乐时，你会意识到这是一种明显违背主流文化的体验。我们的文化驱使我们活在头脑中而非身体里，如果你是一名女性，甚至还要忽略自己的真正需求和真实欲望。为了快速展示这种文化规训，你可以看一下自己的日程安排：你是如何分配时间的？你是否把自己放在最后来考虑？

再次强调，我不推荐任何"窍门""作弊"或者"装着装着就弄假成真了"的把戏，因为这些做法最终都会适得其反——就像在做水疗的整个过程中，你一直在考虑下一次会议要讨论什么或者晚餐想吃什么一样。

自助市场上流行的所谓的"自我照顾"方法无法真正地帮助你越狱。当你走出超市，看着精心挑选的美食，感受着和煦的微风，享受着阳光的触感，心中充满愉悦，这说明你正在享受越狱时刻。当你的细胞充满活力，当你深吸一口美妙的空气、在自己的身体里感到舒适无比时，那么，无论你的衣服是否合身以及体重计上的数字是多少，这个当下便是你的越狱时刻。

我见证过许多女性通过追随快乐的蛛丝马迹，将自己的事业推向新的高峰。她们逐渐意识到自己的日程表或任务清单毫无乐趣可言，并开始致力于在工作中重新获得快乐。她们将注意力转向那些能给自己带来快乐的活动，而这些活动恰巧能发挥她们的天赋。

在《大飞跃》（*The Big Leap*）一书中，心理学家盖伊·亨德里克斯（Gay Hendricks）深入阐述了一个人从优秀到成为天才的过程。对于我和我的来访者们来说，越狱使得这种飞跃成为可能，毫不费力且势不可挡，因为它激活了女性的真正天赋，使女性的天赋区域变得极富吸引力。事实上，一个女人的快乐区域就是她的天赋所在。

当我们允许快乐引领自己时，就会达到最佳状态。在此状态下，我们的效率最高，与他人的联结最紧密，创造力也达到了巅峰。作为领导者，我们也会处于最佳状态，因为我们的存在和气场会启发和鼓舞周围的人。

创伤使我们陷入一种被动应对的状态，不断地去做出牺牲并承受痛苦。我们不断地投入那些无法带来快乐的事情中，参与一场又一场"我能忍受多少"的游戏。而在无法再付出的时候，我们不是情绪爆发就是崩溃。我们也许会挑起争端或者孤立自己，陷入与创伤有关的战斗、逃跑和僵住反应中，这样的结果意味着没有人会成为真正的赢家。

当我们实施越狱并掌握了"它能变得多美好"的游戏，当我们从快乐的角度出发做出选择成为自己的新常态时，我们就会对自己真正的渴望有清晰的认知，并能以娴熟的方式表达出来，给自己和他人带来喜悦，并且毫不费力地赢得他们的合作。这样的沟通方式能让我们的家庭关系和工作关系焕发生机。

我曾见证我的来访者如何改变她们的团队文化并使其收入激增：原因在于她们能够全情地投入自己的天赋领域。而做到这一点，需要遵循从"不安全"到"安全"再到"快乐"的越狱步骤。同样，她们的个人生活也发生了转变：她们与孩子的关系变得更加亲近，不但与伴侣恢复了停滞已久的性生活，而且还比之前更加丰富和有趣。当我们用快乐来引导自己时，他人就会以自己的快乐和感激来共鸣和回应我们。

循序渐进是最佳选择

当我们从最容易的部分开始时，整个过程就会自然而然地展开。这就是我们从那些本身就能令人感到快乐的任务开始，然后转向中性体验，最后再去应对那些令人不悦的事物的原因。用这种方式培养你的快乐能力就像锻炼肌肉一样：你不可能在第一次走进健身房时就举起100斤的重量，你应该从5斤的重量开始练习，然后逐步加码。同样，你不能直接跳转到一个让你感到不悦的任务，然后期望通过增强快乐来"解决"它。你首先要做的是通过快乐正念去体验那些本身就令人感到愉快的事物，继而与中性的刺激互动，从而在内心建造一个充满愉悦的水库。

我有个好消息要告诉你：这个过程是专门为多任务处理而设计的。给任何一种活动注入快乐，都能帮助你停留在自己的身体里和活在当下，从而在各种任务和情境中提高你的做事效率、生产力、创造力和联结感。此外，当你把意识引向体验中的某个特定部分时，就会在生活的其他领域产生涟漪效应。体验更多的快乐有助于滋养你的神经系统并抵抗压力，在工作和家庭中，这也会给你带来非常积极可观的投资回报。

关注我们的快乐不仅仅是指调整我们的心态，还涉及重建我们的身体能力，以使我们的经历所产生的能量畅通无阻地在身体系统中流动。我们正在慢慢升级赛道上的车辆，以便在不损伤身体和心灵的情况下提高速度。

你的越狱过程将会是周期性和阶段性的。你会体验到纯粹的快乐时刻，但紧接着可能会有一些事情触发创伤的另一面，激活它所对应的监狱看守。对此我要热烈祝贺你!当这种情况发生时，并不意味着你在倒退，也并非代表你有什么不足——尽管监狱看守对此颇有意见，但你的越狱并未失败——实际上，你正在以漂亮的方式进行越狱。当越来越多的事物被触发并从潜意识层面浮现到意识层面，说明你在生活中拥有的影响力和控制力越来越大。你得到的治愈创伤的机会越多，你就越能从"我能忍受多少"的旧游戏转向"它能变得多美好"的新游戏。作为自己生活经验和环境的有意识的创造者，你会变得越来越强大。在越狱之旅中的每一步，越狱系统和越狱工具都会为你提供支持。

第 六 章

————

监狱外的关系

成为你希望在这个世界上看到的那个人。

———圣雄甘地（Mahatma Gandhi）

在 20 世纪 50 年代中期的泰国，当人们将一尊泥塑佛像从一个地方转移至另一个地方时，出现了一个失误：佛像摔落到了地上。在仔细查看由此引发的损坏时，他们注意到有某种东西正透过泥塑的裂缝发出闪闪亮光。原来，这尊佛像是由纯金制成的。直到今天，它仍是世界上最大的纯金雕像。几百年前，为了保护它免受侵略者的破坏，人们用泥土将其包裹起来。最终，随着一道裂缝的意外出现，它的真实本质被揭示出来。

这个故事一直在心底的某处地方陪伴着我，我觉得这其中有一些东西需要我去理解。有一天，在给埃莉诺和基思进行咨询的过程中，当他们正在努力地沟通时，这个故事像一道闪电般回到了我的脑海中。我突然明白了他们之间到底发生了什么，他们都深深地爱着对方——这里的关键词是"深深地"，他们都在寻找内心的黄金，但它却被许多层防御覆盖住了——无数层黏土堆积在他们的黄金之上。

我与他们分享了金佛的故事，他们听完后，都流下了眼泪。他们刹那间意识到，多年来他们一直背负着盔甲，双方一直陷在泥土层——都带着防御进行交流——这是他们在关系中感到疏离、经常发生冲突以及从来不满意的根源。然而，在表面之下，他们深深地渴望着彼此之间能建立金子般的联结，去充分体验自己和对方那闪耀的真实和脆弱。我们在本书第二章见证了他们的美好转变，而本段中提及的这一领悟就是转变的起点。

在越狱之旅中，至关重要的一点是将我们的伴侣视为盟友。很多时候，女性一旦踏上个人成长之旅，往往会感到与伴侣之间的鸿沟在日益加深。这种差异会引起很多摩擦，比如，当她带着最大的善意推荐伴侣阅读那些她认为有益的书籍，或者期待伴侣去参加那些她觉得有用的研讨会时，伴侣可能会觉得她在试图"修好"他。

在自己持续多年的婚姻中，我也是这样做的。我多希望当时能有人为我指明一条不一样的道路。在从自身的错误中吸取教训并成为自己最具挑战的来访者后，我终于明白，我们在越狱时所需要的是一些工具，以便在向伴侣传达我们的需求时令彼此都感到安全。

这种沟通源自深层的脆弱性。首先，通过越狱的步骤来创建安全感是十分重要的。在我们感到安全之前，试图呈现脆弱性可能会适得其反：当你深入自己的感受并将其分享给他人时，如果没有相应的内在资源来应对，就会再次受到伤害。当这种情况发生时，我们内心动物性的一面会再次受创，并将自己隐藏得更深——更多的黏土会覆盖在黄金之上。这就是缺乏创伤知情和身心创伤工具的伴侣治疗所带来的副作用。

但是，当你使用越狱工具来创造具身的安全感时，便可以在脆弱中感到坚强。当身体里的人类动物感到安全时，她便无须再逃跑、战斗或假死。这种力量并非来自防御和盔甲，而是源自内心的真正赋权。当你学会与创伤打交道后，便能接触到赋权的脆弱——你可以在没有盔甲或武器的情况下赤裸裸地展现自己，毫不犹豫地表达真实的自己，并敞开心扉接受伴侣的任何反馈。

当伴侣中的双方都能在彼此身边感到真正的安全，并基于彼此赋权的脆弱建立联结时，原本无解的问题会在瞬间被解决。实践证明，当一对伴侣能相互倾诉彼此的脆弱时，他们会发现双方一直以来想要的其实是同样的东西。

泥土对泥土的交流

大多数关系问题都源于我们用泥土与泥土的沟通方式替代了金子与金子的沟通。我们传达的信息会被自己的泥土（我们的防御）扭曲，而当我们的伴侣通过他们的泥土接收信息时，则会加剧这种扭曲。这是一场信息损耗严重的传话游戏。当传到最后时，最初的信息已经完全走样了。

当艾米和本这对夫妇来找我做心理咨询时，我亲眼见证了这种情况。艾米一直是家庭的主要经济支柱，她在一家非常成功的企业担任重要职务，现在她正试图追随自己的使命和更高的召唤去创立自己的事业。本一直是一位全职父亲，而现在孩子们都已长大，他需要重新回到工作岗位上支持艾米的事业。他们都感到非常害怕。尽管艾米试图就这个转变与本进行讨论，但本却拒绝交流——他不愿意谈论这个问题。

他对目前的生活感到满意，而她却感到绝望。

当他们来找我时，我们进行了一些具身的练习，以便创造安全感并帮助他们进行更深入的沟通。他们逐渐从泥土与泥土的沟通方式转变为金子与金子的沟通。借助这种沟通方式，艾米得以分享她的希望和梦想。她表达了自己脆弱的感受：目前的工作对她来说像是在慢性自杀，她渴望过上一种更丰富多彩的生活，并以一种全新的方式展现自己的天赋。

在这样的脆弱性中，本与艾米相遇，并基于自己的脆弱性做出了回应。他说，这段时间以来他一直很害怕，他不知道该如何支持她，也为她感到担忧，不知道她是否做出了正确的选择。他担心他们的家庭，也担心自己是否有养家糊口的能力。从前的他并不明白事业变动对她来说意味着什么，所以他并没有参与其中。而现在，他听到了她的心声，所以他选择成为那个主动行动的人。出乎艾米的意料，本说他很乐意去找工作，这样他就能给家庭提供稳定的收入，而她也可以安心地去创造属于自己的事业。

在这次讨论之前，他无法透过泥土听到她真实的声音。他从她那里收到的信息大概是这样的："我不确定下一步该怎么做，所以我需要你的支持。"他并不清楚这句话究竟意味着什么，这触发了他的恐惧和防御。对他们的婚姻来说，这意味着什么？她要离开我吗？她说自己不开心，但我能做些什么呢？我能照顾好她吗？究竟发生了什么？

她展现的脆弱使他降低了自己的防御。当艾米能够清晰地表达自己想要什么时，本就有了机会以她所需要的方式来支持她。这是他们一直以来都渴望做到的事情。

在策划越狱时，我们需要来自伴侣和亲友的支持。越狱后，我们与他人（包括伴侣、孩子、父母和朋友）的相处方式会发生变化。我们需要记住，当我们学着在这个充满无限可能的外部世界中寻找方向时，我们周围的很多人可能仍然处在自己的牢房中。因此，了解我们的伴侣所处的监狱是十分重要的。我们的集体文化不仅囚禁了女性，也为所有人规定了做什么是"可以的"以及做什么是"不可以的"。此外，它还以一种十分不同的方式装饰了男性的牢房。

被塑造的男性气质

通过搜索引擎查找"男性气质"的定义，我们可以找到如下描述：拥有传统上与男性相关的特质，比如肌肉发达、有上进心、好斗、粗犷、强壮、结实。然而，这些"传统联想"只强调了男性特质的其中一个方面。正如父权制文化限制了女性可被接受的范围一样，它也封锁了男性身上那些不被视为"男性气质"的特质。男性被教导要压抑和否认那些被认为属于传统女性的特质，如善良、情绪表达、情感联结、富有同理心，以及最重要的养育能力。对男性来说，在一个不承认他们的全部人性并将他们所拥有的许多美好特质推到阴影里的文化中成长和生活，是一种深深的创伤。

由于父权制文化并不支持男性充分表达自己在养育、情感联结、同理心以及深刻情感等方面的天性，这种集体创伤便在这些特质周围形成了盔甲。"男孩不哭。你怎么像个女孩一样？别当个娘娘腔。"这造就了作家、教育家、活动家、"男性的呼唤"机构（A Call to Man）的联合创始人托尼·波特（Tony Porter）所说的"男人的盒子"——父权制为男性打造的无形的内在监狱。

男性情绪的自然表达在很早的时候就被压制了。封存那些未经处理的情绪会使他们将这种能量转化为唯一一种能被社会接受的男性情绪——愤怒。男性在人际关系和内心层面呈现出的这种断裂与紧张，会表现为对他人（通常是女性）的外在暴力以及对自己的内在暴力，具体体现为成瘾以及其他自我毁灭行为。

父权文化为男性设计了一个虚假的英雄之旅——努力通过事业、家庭、跑车等各种外部手段来满足自己。最终，他陷入了我们常说的中年危机。他意识到，即便已经做到了一切，自己仍然感到不满意，更不知道接下来该去往哪里。

男性和女性一样被父权制文化规训——永远不要充分表达真实的自我。如果你想对此进行深入探究，可以参考刘易斯·豪斯（Lewis Howes）的《男性的面具》（*The Mask of Masculinity*）。豪斯有力地揭示了男性如何受到文化条件反射的影响，解释了这些防御如何在男性身上体现，以及如何迫使他们牺牲了自己的关系、幸福和健康，并最终导致他们无法过上完整的生活。

夫妻的失联之痛

当男性和女性试图从各自的生存模式出发建立联结时，外层的泥土会阻碍这种沟通。我们互相争吵，抗拒交流和亲密。我们借助一些令人上瘾的行为来孤立和麻痹自己。夜深了，伴侣已经入睡，我们却仍在无节制地观看网络视频。当我们与伴侣同处一室时，更愿意把注意力放在社交媒体上，而不是尝试与对方建立联结。所有这些行为使我们远离了自身的脆弱性和开放性。独自感受这些特性都会让人感到不安全，更别说和他人一起面对了。

在长达数年乃至数十年的时间里，很多夫妻都被困在这个监狱里，这种状况似乎令他们觉得十分正常。也许，夫妻之间的这种失联最令人痛苦的地方在于，当我们深受伤害时，我们不允许自己意识到自己正在受伤害（这也是我自己的经验）。防御机制是如此强大，以至于所有的监狱看守都在告诉我们："你还想要什么？你的婚姻很好，至少你不是单身。他是个好男人，也是个好爸爸。"这些监狱看守夜以继日地工作，让一切看起来都很好。

父权制已经为"完美的"关系设定了标准，但这个标准实在太低，低到令人感到痛苦不堪。我们的文化已经将"激情无法持久"视为完全正常的事情——这是文化所造成的无形的内在监狱的一个看守。这个故事变成了一个自我实现预言，为研究提供了证据，从而验证并强化了这一预言。在文化心理中，监狱安全系统与个体潜意识的功能十分相似。它旨在不惜一切代价保护、捍卫并维持父权制现状。

我们常常对关系中所发生的事情避而不谈，因此并未意识到大多数夫妻都怀揣同样的秘密。在封闭的大门背后，遍布着深深的孤独感、失联之痛、性欲和满足感的缺失，以及各种成瘾行为（用来麻痹未能"从此以后过上幸福的生活"所感到的痛苦）。

重拾身体的联结

我从众多夫妻那里听到的秘密之一是他们的性生活早已干涸。他们像室友一样生活在一起，偶尔才会发生双方都无法享受其中的性行为。他们将这个痛苦的秘密深埋心底，将其笼罩在羞耻的面纱中，觉得自己有问题，双方之间的关系也有问题。事实上，在这一点上他们并不孤独。据《新闻周刊》（Newsweek）估计，在美国，有15%～20%的夫妻是无性婚姻（每年仅有10次或不足10次性生活）。那么，为什么这些夫妻没有性生活呢？

在亲密关系中，影响性幸福的一个无声杀手是未处理的创伤，包括代际、文化和个体层面的创伤。

首先，父权制所造成的代际创伤深植于我们的潜意识。因此，许多男性都在与"圣母-妓女"情结作斗争，这种情结导致他们在潜意识中非黑即白地把女性划分为纯洁的"处女"妻子和母亲，以及能够令他们允许自己产生性兴奋的性感尤物。女性的性欲在历史上被视为"罪恶"，因此，许多女性很难整合自己的性欲，无法在几千年来从未属于过自己的身体中确立主权，或者很难与一直被禁止的欲望保持联结。父权制对女性完整性的否定给男性、女性以及他们之间的关系造成了深深的创伤。

针对女性的持续性战争在触发和加剧文化创伤的同时，也在不断地发展和演变。许多个人成长、美容、健身产品都被父权制宣传渗透，在赋权的幌子下针对女性的自我厌恶、羞耻和内疚进行市场营销："减掉这些体重后，在会议室里你会变得充满力量、势不可挡。我们的产品会让你变得更漂亮，而漂亮的你会感到更自信。"我们的文化把女性困在仓鼠转轮中，诱导她们去追逐替代性的自信感和权力感，而当她们无法达成这个目标时，就会觉得自己是失败者——这是许多行业都在使用的心理战术。父权制压迫女性的工具已经变得越来越复杂、微妙、阴险和恶毒。

文化拥有对身体进行评判的公认权利，而这种评判权对女性来说是一种无所不在且无处可逃的强大武器。在主流媒体和社交媒体中，女性的身体经常受到审查和管控。我们在孩提时代就已经将这些评判内化，并在内心深处对自己的身体发动战争。因此，女性真的很难与自己的身体建立一种充满爱意和友善的关系。文化管控往往建立在严格且无法实现的标准之上，它根据人们对这些标准的顺从给予有条件的认可。这样的文化管控所造成的创伤同样影响着男性，由此产生了大量的自我憎恨和羞耻感，但人们却用创伤适应来掩盖它们。这种创伤适应进而又造成了巨大的代价，使人们与自己的身体脱节，与他人隔绝，从而为真正的亲密关系制造了不可逾越的障碍。

同样，许多个人创伤也会隔绝人们的欲望、性表达和满足感。它在本质上不一定与性有关。许多创伤经历（在充分表达真实自我的过程中感到不安全的经历）已经形成了保护性的屏障，限制了我们与自己以及他人建立深层联结的能力。性生活的深度和丰富性取决于具身联结的深度和丰富性。我们有多兴奋、对伴侣有多大的吸引力，取决于我们在情感上感到多安全。那些打着保护我们的名义阻止我们接触脆弱性，禁止我们在情感上全然敞开地与伴侣接触的创伤适应，也阻碍了我们获得真实的性唤醒和性幸福。

这种脆弱性源自真正的安全感，而非"装着装着就弄假成真了"

的策略。这就是为什么如果不处理这些防御所保护的创伤，只致力于改善关系中的沟通和行为，就像在泰坦尼克号的甲板上重新摆放椅子一样——无论取得了多少"进步"，你的关系仍然会与未处理的创伤冰山相撞。

我的大多数来访者都曾试图通过心理咨询、教练或个人成长项目改善他们的关系。他们在找我做咨询前已经尽全力尝试了所有可能的方法，却仍然感到挣扎和困惑，觉得他们自己以及他们的关系都存在着重大问题，于是找到了我。我告诉这些伴侣的第一件事是，这并不是他们的失败，而是这些工具和方法的失败。当然，从本质的层面看，令他们感到挣扎的并不是他们自己或亲密关系的问题。我会向他们解释，他们在关系中经历的困扰只不过是由他们各自的代际、文化和个人创伤产生的防御，而非他们自身的过错、失败或不足。很多来访者在听到我的解释后都会松一口气。

当他们开始通过越狱之旅去治愈那些被防御所保护的创伤时，与自己的联结就会变得越来越紧密，既能自信又自在地按照自己的方式行事，又能在伴侣面前更充分、更脆弱地展现自己。随着泥土从金子上脱落，他们的性魅力得以绽放，他们的美丽光芒和真实色彩也不再受创伤防御的阻挡，从而变得更加闪耀。随着旧的情感创伤的碎片被清理干净，他们的情感联结通道变得畅通无阻，感知伴侣真实之美并被伴侣激发性欲的能力也随之倍增。

当伴侣双方都能在情感上坦诚相待并同时感到安全和联结时，就是转变的关键时刻。从这时起，他们开始一起努力挣脱束缚。

父权制下的育儿

在父权制对女性发动的战争中，并未放过母亲这一角色。女性最大的痛苦之一是觉得自己不是一个好母亲。你可能经历过其他类型的痛苦，比如，觉得自己在工作中没能充分发挥潜力，在浪漫关系中缺乏亲密感，或者仇恨自己多于爱自己。但是，这些与一个自认为失败的母亲（试图在所有小事上都为孩子做到最好）所感受到的痛苦是不同的——作为母亲的失败所带来的痛苦是最深刻的。

"如果我能亲手为他/她做所有的饭菜，如果我能带他/她去见想见的玩伴，如果我从不提高嗓门，从不感到疲倦、烦躁、心不在焉、暴躁……那么我才算得上合格的母亲。"

让女性觉得自己不够好，就像探囊取物一样容易。女性的核心创伤——低自我价值感——会对她们作为母亲的自我感受产生毁灭性的影响。我们都不希望孩子们重复我们童年的创伤经历，所以致力于研究如何在母亲这一角色中做到最好。我们阅读育儿书籍，沉浸在不同的育儿理念中，并竭力避免去做我们的父母做过的事。

然而，孩子完美地镜映了我们自己未曾处理的创伤。在成长的每一步，他们都会触发我们的童年创伤。当我们意识到这一点并拥有处理问题的工具时，就可以把它转化为一次绝佳的机会和一个完美的治愈入口。相反，如果我们缺乏意识或技能，就会给我们自己和孩子带来巨大的痛苦。

我们的潜意识中携带着一些沮丧和痛苦的经历，这使得我们的内在批判监狱中出现了一些监狱看守，而内在批判监狱所产生的自我指责会蔓延到我们的育儿过程中。为了克服我们的防御，我们投入大量的精力：始终保持在场，不在社交媒体、一杯红酒或网购中沉迷，永远不失控、不在愤怒中爆发，避免批评或说出任何可能削弱孩子自尊心的话。

假如在完美的一天中，你尽可能地赚取了所有的筹码：为孩子烹饪健康的饭菜，与孩子一起创作手工艺作品，而且，无论在精力、言语还是行动层面，你都能给孩子提供滋养、情感陪伴和支持。然而，在一天结束的时候，某件事情使你的承受能力过载，导致你的情绪瞬间爆发，而那些你辛辛苦苦赚取的筹码（作为一个母亲所具备的"有条件的"价值）就这样随之消失了。最后的赢家总是"庄家"，而不是你。

作为一个妈妈，我非常熟悉这种循环。

只要我们在父母的职责上给予自己"有条件的"认可，就会始终觉得自己是失败者，并陷入内疚之中。内疚所造成的痛苦使我们与他人变得疏远，或者让我们变得更加易怒。为了应对这种痛苦，我们沉溺于工作或者网剧进行逃避，于是内疚感越积越多。

这个循环会返回到我们的创伤中。它植根于我们无价值感的伤口，根据这个伤口确认我们的世界观，然后不断地在其中循环——通过无形的内在监狱之墙，透过一层又一层的创伤，扭曲地看待世界和我们自己。这种世界观需要寻找证据来支撑其存在。每一次的"失败""不够好"或者"做得太过"都作为证据加固了监狱的墙壁。

只要还被困在这个监狱中，我们就永远无法相信自己其实很优秀——尽管我们进行心理咨询、研读自助书籍、参加个人成长研讨会、做昂贵的美容护理、坚持进行严苛到像是在惩罚自己的体育锻炼、努力改善婚姻关系，以及努力获得晋升、奖金和奖励。然而，我们还有一个更好的选择（恰好也是更简单、更容易让我们感到快乐的方法）：撤销对自己的"有条件的"认可，用"始终无条件地认可自己"来取代它。这样一来，与其说生活是一场无法取胜的游戏，不如说生活变成了一场你不可能失败的游戏。就像从父权制的庄家那里拿回所有的筹码，一路大笑着把它们存入银行一样。

让我们花一点时间来消化这个观念。

参与一场不可能失败的游戏会是什么样子呢？还记得我们蹒跚学步时是如何玩耍的吗？在知道游戏有输赢之前，我们只是为了玩而玩。当辛苦搭建的积木塔倒下时，我们眼睛都不眨一下就开始重新搭建，新建的积木塔甚至比倒下的那个还要好。

我们并不是为了赢而玩，甚至都不知道自己有可能会输，这就是我想邀请你来体验的游戏。体验这个游戏要从对自己的感受、情绪、需求和欲望保持诚实、开放和脆弱开始。我们有长期的创伤史：一直都没有被看到和听到，需求也没有被满足。因此，看到、听到和满足自己的需求，并为孩子们树立榜样，这本身就是一种治愈性和革命性的行为。

随着越狱之旅的展开，你学会了去识别、盘问和剥离附加在自我接纳之上的条件。当你无条件地接纳自己时，一切都会发生改变。到了那时，你就可以无条件地接纳自己的孩子。他们会看到并感受到你的无条件接纳，也会允许自己无条件地接纳自己。当内心的批评者变得安静时，你就不再有批评他人的冲动——无论是大声讲出来的批评还是在心里默念的批评。

除非我们能无条件地接纳自己，否则，无论读过多少育儿书籍，我们都不会允许孩子无条件地接纳自己。这就好比我们的父母不允许我们无条件地接纳自己一样，因为他们自己也并未拥有这种内在许可。我们的成长过程触发了他们未曾处理的童年创伤，而他们可能对此没有意识，也缺乏处理这种问题的工具。他们与父母的关系也是如此，所以这样的情况才一代又一代地循环往复着。

当我们被父权制应激障碍驱使着不断地努力做更多的事情，或者试图成为与现在不同的人时，便会把这种潜意识的程序带到育儿过程中。它会反映在我们的能量、语气和言谈举止中，也会表现为不能自在地按自己喜欢的方式生活且缺乏对自己的认可。

它会在我们的孩子身上留下印记。

现在，你已经了解了当创伤被触发时会发生什么，以及治愈之旅都涉及什么。在育儿冒险中，作为有着未经处理的童年创伤的成年人以及继承了这些创伤的孩子，我希望你能对自己和父母更加悲悯。

踏上越狱之旅时，我们不仅治愈了自己，也打破了延续数代的囚禁循环。我们拿到了无条件自我认可的礼物，并将其传承下去。现在，我们能够无条件地认可我们的孩子，而孩子们也学会认可自己了。

这个过程所带来的快乐和奇妙之处在于，当你打破这个循环时，会得到即时的反馈。你会在孩子身上看到喜悦、自由和轻松。这样的反馈会巩固你的育儿方式，也会反过来对你的内在小孩起到巨大的治愈作用。

要学会识别你会在何时再次陷入旧游戏，留意你会在何时给自我接纳附加条件，然后在这个伤口上涂抹一些自我关怀的良药。记住，你正在从一个代际传递的、植根于创伤的、无法取胜的监狱游戏"我能忍受多少"，转向一个你总是能赢的游戏"它能变得多美好"。请留心，监狱看守会变得警惕起来并向你抛出证据，告诉你这是不可能的，你永远都不会成功。你只需要对它们微笑，并感谢它们对你的关心即可。你可以使用充电练习打断创伤劫持，回到自己的身体和主权之中。

接下来，回到你所渴望的事物中。在"它能变得多美好"的游戏里，下一个步骤是什么？你现在能做什么或者停止做什么来改善你的体验？站起来，伸个懒腰，跳个舞，微笑，呼吸，喝杯水，和你的孩子一起开怀大笑。或者，你也可以播放一些符合自己当前心情的音乐，允许自己通过身体、动作和声音来表达你此刻感受到的愤怒或悲伤。

年龄越小就越擅长玩这个游戏，让你的孩子也加入这个游戏中，他们还没有忘记怎么玩这个游戏，他们可以教会我们很多东西。

情绪的价值

将真实、完整的自己投入育儿中可能会令一个母亲感到恐惧。当我们完整而充分地表达情绪时，也会将那些曾被视为"不合适"的情绪表达出来。当我们在孩子面前感受到这些情绪时，对于是否应该表达出来也许有过片刻的犹豫，但最终会选择将它们压制下去。

我们被教育要始终充满关爱并保持积极的态度，绝不能生气或伤心。我们的文化给后面这类情绪贴上了"消极"的标签，并告诉我们"消极"

的情绪是不被允许的。心灵自助和个人成长产业通过宣扬积极心态，延续了这种有害的文化训练。这种方法短视且危险，它给我们的自然情感贴上了"消极"的标签，将其深深地推入阴影之中，用羞耻感将其包裹起来塞进我们的潜意识，扩大了我们迟早会撞上的冰山的水下部分。由于看不见冰山的到来，所以我们迟早会迎来毁灭性的碰撞。工作和家庭中突然爆发的孤立、自我憎恨、焦虑、抑郁和成瘾都是被淹没在水下的情绪。值得庆幸的是，人们越来越能意识到身心之间的紧密联系，以及未处理的情绪会引发不良的躯体反应——从头痛和背痛到激素和免疫系统问题。

正如我们在越狱过程中所了解到的那样，只有充分表达这些情绪才能释放它们，并将它们从身体中排出。如果不这样做，这些情绪就会转化为健康问题，影响我们在关系中的亲密感和联结感，并限制我们在工作中发挥应有的潜能。另外，通过压抑自己的情绪，我们也给孩子树立了不好的榜样——他们从我们身上看到了什么是"压抑"。

治愈父权制应激障碍意味着治愈给情绪贴上"积极"与"消极"标签的虚幻隔阂。情绪是运动中的能量，它们通过在身体中流动来表达和释放自己。当我们被压抑的情绪劫持时，就会陷入麻烦之中。这可能是因为我们没有学会健康且适当的情绪表达方式，或者是因为被剥夺了与这些情绪安全相处的空间。因此，我们开始害怕自己的情绪。我们担心，如果允许自己接触这些情绪，我们就会突然爆发甚至被情绪淹没，并被周围的人评判和排斥。

通过练习，你会逐渐认识到监狱看守与真实自我的区别。你会注意到，当监狱看守出现时，它们会使你感到收缩和防卫，而不是扩张、放松和联结。你可以向它们打招呼，感谢它们的服务，然后说出你的感受。你可以对自己的孩子这样说："亲爱的，我现在感到很难过，我很生气。"你可以向他们保证这不关他们的事，这只不过是因为你意识到了自己的感受，与他们是否做错了什么无关。这将帮助他们培养对他人以及对自己的同理心；还会教会他们，无论内心有什么感受，都不意味着他们有任何问题——他们被无条件地接纳，也被无条件地爱着；他们不需要为自己的真实感受感到羞耻，也无须将其隐藏起来。

接下来，你可以为他们示范如何越狱：允许自己表达感受。如果感到悲伤，就让眼泪自然地流淌出来，允许自己发出悲伤的声音，让情绪在身体中自由流动。可以播放一些悲伤的音乐，随着音乐的节奏舞动自己的身体。还可以发起一场关于悲伤的对话，询问他们是否感到体内有任何部分处在悲伤之中，尊重并邀请那部分自己出来玩耍。

通过创造具身的舒适感来结束这个练习：互相拥抱，共同呼吸，看着彼此的眼睛，一起进入快乐正念。和女儿一起做这个练习时，我发现表达愤怒、悲伤或恐惧之后互相安慰，总会带来微笑、咯咯笑以及爆发性的大笑。与绕过真实情绪、直接跳入虚假的"积极"中相比，这种做法能使我们更加深入地体验联结感。与直觉相反，当我们完全地沉浸在一种具有挑战性的情绪之中时，总是会自然而然地以一种愉快的心情结束它。这是为我们真正和真实的经历（我们的整个自我）创造爱和接纳空间的必然结果。当我们这样做时，就是在向孩子传递以下信息："你永远都会被爱、被接纳，你的每一部分都是如此，你没有任何部分是不被需要的或者不好的，你的全部存在都是宝贵的。"他们将终生铭记这则强有力的信息。而传递这则信息的方式只有一种——通过我们的经验，仅靠语言是远远不够的。

这些做法就像刷牙和使用牙线一样，是基本的情绪卫生，应该尽早把它们教给每一个人。我们的孩子能觉察到我们被压抑的情绪，能感受到我们什么时候没有允许自己充分表达真实的自我。而当他们以我们为榜样不去表达自己的时候，就会开始对我们甚至对自己保守秘密。

迪斯尼和皮克斯出品的电影《头脑特工队》就很好地阐述了这一主题。在这部电影里，每一种基本情绪都由生活在小女孩莱莉体内的不同人物来代表。电影的开始，莱莉正在搬家，她因为失去了朋友、家乡和曲棍球队而感到痛苦，同时也对新城市和新学校感到焦虑。角色之一乐乐（快乐）认为，为了拯救这一切，她需要靠自己的力量重新让莱莉感受到快乐。但在这些角色的冒险之旅中，乐乐逐渐意识到，如果没有忧忧（忧伤）的帮助，她无法完成这个工作。

为了安全地接触我们的情绪，我们可以开发出一些技能，然后把它们教给我们的孩子。

在悲伤中茁壮成长

几年前，当我的家庭破裂时，我也遭遇了类似的挑战。和女儿的爸爸分开后，我们要搬离她从小生活的房子，为此，女儿不得不离开自己的学校和朋友们。

当时，我把全部的注意力放在了生存上。我打包了我们的东西，把房子挂牌出售，丢弃了一些杂物，并妥善处理了所有的后勤事务。我给女儿树立的榜样只是一种从 A 点转移到 B 点的"不抱怨"的态度。我是一个能够完成任何工作的"女强人"，我压抑了自己的情绪，不想让我的女儿感到惊慌，也不想让她失望。

那时的我并没有意识到这有什么问题。我的女儿看上去挺快乐的。她活泼开朗，是个无忧无虑的乐天派。然后，就像通常情况下会发生的那样，那些更难处理、更具挑战性的情绪开始在一些小事上表露出来。她会因为一些微不足道的事情大发雷霆，比如，当她无法吃到自己想吃的甜点时。她也会为一些似乎与当下无关的事情感到沮丧。与此同时，我也不得不面对自己那些未经处理的、极具挑战性的情绪。显而易见，我正在为家庭的解体感到悲伤。我们正在出售心爱的房子，那是我们迎接女儿到来的地方，也是我们曾以为会一起度过余生的地方。

当我终于允许自己进行哀悼，表达自己的悲伤，并与女儿谈论这个问题时，她却并不愿意与我在悲伤里相遇。她说："妈妈，我为什么要感到悲伤呢？这不是一种好的感受。"我突然意识到自己到底在树立何种榜样，我向她传达了这样的信息：积极的情绪是可取的，而悲伤是不被接受的。这无疑加剧了社会观念所造成的条件反射。悲伤已经成为一个危险之地，一个人们永远都不想靠近的地方。

我们一起观看了《头脑特工队》，就悲伤的价值进行讨论。我播放了一首可以引导我们一起感受悲伤的歌曲：电影《魔发精灵》的插曲《你的真实色彩》（*Your True Colors*）。随着贾斯汀·汀布莱克（Justin

Timberlake）唱出"尽管你的双眼充满悲伤，但请不要气馁"，我让自己的眼泪流了下来，并表达了我感到悲伤的原因。渐渐地，女儿也加入了我的行列，向我展示了她所感受到的真实情感色彩。

一起表达情绪使我们建立了更多的联结点。这在我们生活中的重大转折期显得尤为珍贵——它把我们更紧密地联系在了一起。

在能够表达自己的全部感受之前，我们之间只有一个联结点——积极和幽默，其他无数的情绪表达都处于离线状态。当我们接触并连接到所有的情绪中心时，我们的亲密程度也成倍地增加了。现在的她愿意与我分享以前不愿透露的事情，因为所有的一切都是被允许的，都被视为珍贵的事物而受到欢迎。

这种朝向真实、脆弱、联结和亲密的转变，为我们的关系开启了一个新时代。我很感激我们现在能够深深地联结在一起，随着她逐渐步入青少年阶段，我们都体会到了培养这种联结感的价值所在。

在意识到我需要在女儿面前做真实的自己之前，我一直生活在一个防御的外壳中。我像"女强人"那样行事，同时将自己所有的脆弱都拒之门外。当我找回自己那些脆弱的部分时，也为女儿创造了一个可以接纳自己脆弱的空间。

从父母身上挖掘黄金

在成长过程中，我并没有得到来自父母的持续的情感支持。然而，在与女儿建立联结的过程中，我对自己的父母有了更深的理解和悲悯。

在我的童年时期，我爸爸的父权制应激障碍表现为愤怒、疏远和酗酒。它使我的妈妈产生了焦虑、抑郁和被动攻击行为。成年后，我花了20多年时间收集并打磨创伤治疗的工具。我父母从来都没有机会接触这些工具。他们在父权制应激障碍的监狱中长大，没有任何关于监狱外生活的参照点。他们没有机会意识到有哪些事物本可以不一样，又有哪些事物是可以治愈的。

多年来，我们一直陷在激烈又痛苦的争论中。我们的防御始终处于紧张状态，总是时刻准备着向彼此发射武器。我们只是在泥土与泥土的层面建立了联系，我们需要深入到泥土下面找到黄金。

在被创伤模式影响了多年之后，我踏上了自己的越狱之旅，开始有意识地创造自己的生活。我有许多幸福和快乐想与他们分享。我渴望以一种全新的、有意识的、越狱后的方式与我的父母建立联结——不是通过"我能忍受多少"的游戏，而是通过"它能变得多美好"的游戏。

但他们做不到：他们无法真正倾听我的越狱故事，也无法理解我的经历。我们之间无法建立联结。自由的气息在穿过监狱的铁栅栏时，会被视为陌生和威胁的存在。他们以生存为基调的音乐无法与繁荣的旋律产生共鸣。

每当我显得很开心时，他们就会试图把我拉入焦虑之中。一旦察觉到我表现出一点快乐，他们立刻就会把话题转向各种需要担心的事情。

我："我们要去夏威夷了，我们会住在黑沙海滩！"

妈妈："你知道吗，黑沙会毁掉你的泳衣，它是洗不掉的。"

我："我刚刚签下了从业以来最大的一单合同！"

爸爸："你以后可能需要支付更高的税率，你存的钱够交税吗？"

起初，我们的谈话总是会引起快乐警察的注意，它会把我拦下来："你知道自己的车速已经超过了快乐的速度限制吗？"于是，我被拉向自己那充满愤怒和疏离的泥土中。

"你们没听到我的声音吗？你们没看到我吗？你们没发现我很快乐吗？你们从来都不懂我！"我非常想让他们欣赏发生在我生命中的巨大飞跃。这个飞跃不是指我所取得的学位或者积累的专业成就，而是我在自己的内在人生中走了多远；它也不是房子和生意，而是我在内心深处所建立的真正财富。越狱成功使我从焦虑、抑郁、恐惧、匮乏和自我憎恨的监禁中解脱出来——我曾确信那是终身监禁。内在的转变打开了通道，让我拥有了从未想象过的体验，比如深度的亲密关系、联结、爱、激情、幸福和快乐。它们不是转瞬即逝、昙花一现的侥幸存在之物，而是我的新游戏"它能变得多美好"中全新且稳定的基线以及我的新常态。

然而，在一次特别的电话交谈中，当我告诉父亲我正在庆祝什么时，他并未与我一起分享这份喜悦。那时的我终于意识到：他无法分享我所感受到的兴奋。这种喜悦大大地超出了父母的经验范围，以至于他们无法和我一起去体验它。

我并没有说"你永远都不懂我"，相反，我开口说道："爸爸，能够与你分享我的胜利，对我来说意义重大。我真心希望你能感受到我的喜悦，并和我一起庆祝。当我们绕过这个话题，转向下一个议程时，我感到非常难过。我理解，等待另一只鞋掉下来很难不感到焦虑，我也理解为了生存你不得不形成这种模式，但我需要你和我一起庆祝。"

出乎我的意料，父亲的语气发生了改变。"我真的很想这样做，"他说，"但我不认为我能够做到。你必须理解，在我们的生活中，并没有太多空间可供享受或庆祝。我认为，我们现在想要改变已经为时过晚。"

"没关系的，爸爸，"我说，"我们可以像婴儿学走路一样一步步来。让我们花一点点时间，对我刚刚与你分享的事情感到高兴。"

他说："好的，我们试试看。"这是我们之间联结最深的时刻之一。

由于父亲的不稳定和愤怒，我在成长过程中从未感受到情感上的安全。我在他身边总是保持高度警觉。我的防御会触发他的防御，而这又会反过来重新触发我的防御。这些交互在我们的联结上叠加了太多的悲伤、沮丧和愤怒——一层又一层泥土。但最后，我们终于以金子对金子的方式联结到了一起。

当我在与父母的关系中更真实地展现自己时，这些联结的时刻不仅成为一种可能，而且变得愈加频繁了——它们成为寻找黄金的参考点。我对他们愿意在那里与我相会感到惊奇。事实证明，对他们来说，开始学习"它能变得多美好"的新游戏并不算太晚。

越狱是会传染的。一旦积累了足够的快乐和愉悦，并获得了更大的自由和真实性，你就会成为一个旋涡的中心，吸引周围的人，并彻底改变他们的经历，转化你们之间的关系。通过这种方式，你就能成为你想在这个世界上看到的那个人。

越狱者姐妹联盟

正如你现在所知，监狱看守的职责就是维持现状。它们一直在与你一起阅读这本书，会抓住每一个机会来挑刺并提出异议。当你放下这本书时，它们很可能会采用我称之为"遗忘之雾"的策略，来确保你不会真的进行越狱。我预测，这个策略会将你刚刚了解到的内容抹去90%，而监狱安全系统的其他部分，如拖延、分心以及那些"这对你来说毫无益处，不值得你投入时间和精力"的说辞，将会接过"遗忘之雾"的接力棒。监狱安全系统是非常复杂的。现在，无形的内在监狱已经变得清晰可见，监狱看守们将确保从你的意识中消除这些信息，以阻止你产生越狱的动力。

我注意到，在我自己以及来访者的越狱经历中，主流文化总是令我们重新受到创伤，并全天候地强化监狱安全系统的现状。因此，越狱之旅的关键在于得到一个来自反主流文化的越狱者社区的支持。如果我在本书中所分享的越狱工具对你有所启发，希望你能够立即充分地运用它们，并使其成为生活的重要组成部分，这样你必然能取得巨大的进步。但是，如果你在越狱时遇到阻力，或者进展缓慢，甚至几乎没有进展，这并不意味着你或者我们的越狱系统有什么问题，这只是因为我们的文化时刻都在强化着现状——这就是在孤单一人的情况下进行越狱的困难所在。

最初，出于自己的需求，我组建了一个越狱者社区。社区中的成员都在有意识地创造自己的生活。我知道，如果没有她们的支持，来自监狱看守的阻力会使我的越狱之旅变成像推巨石上山的艰难过程。西西弗（Sisyphus）[①] 的劳作属于旧的监狱游戏，即"我能忍受多少"。而在"它能变得多美好"的新游戏中，我希望这个旅程是轻松且有趣的。为此，创建一个支持性的社区是必不可少的。

要摆脱来自文化和祖先的条件反射与创伤，无疑是一场艰苦的战斗。然而，当我们有了社区时，就能为越狱之旅收集一些集体的能量和指导。我们的越狱伙伴可以准确地指出我们在哪里踏入了监狱看守设置的陷阱。她们会在我们动力不足时帮我们加油鼓劲，也会与我们一起庆祝胜利，并在我们面临挑战时提供必要的支持。她们举起镜子，以慈悲和友善的目光帮助我们欣赏自己的勇敢之旅。

越狱者社区带来的另一个礼物是提供了与阴影工作的契机。每当一位越狱者分享她的经历时，其他人隐藏在阴影中的部分——无论是光明或黑暗——都会被触发，好让我们洞悉它们的存在，并随时准备被看见、治愈、回收和整合。那些因创伤而被迫流放到潜意识中的部分能在一个支持性的社区中感到安全，从而有机会显现出来，被回收和重新整合，以及被接纳和欢迎。每个人的珍贵都会被其他人映射和反馈回来。脆弱、愤怒、悲伤、快乐、嫉妒、庆祝、幸福或困惑——所有这些被抛弃、被禁止和被羞辱的部分都得到了接纳。而且，这通常是我们人生中第一次接纳它们。这既发生在我们的线上社区，也发生在线下的越狱静修会上。

---

① 西西弗是希腊神话中的人物。他被惩罚将一块巨石推上山顶，但每当他快要完成任务时，巨石就会滚下来，于是他不得不无止境地重复这个过程。西西弗的故事常用来形容"永无尽头却徒劳无功"的劳作。——译者注

它推动了每个人的旅程，使我们更快地迈向自由。

涨潮时，所有的船只都会随之升高。当我们在自己的内心有所发现并与他人分享时，我们就能帮助他人看到那些不可见的东西，实现不可能的事情。通过展示和分享自己的旅程，我们可以帮他人走得更远。

在越狱社区中，我们所有的创伤都能被接受，这就是为什么我们需要一个社区来治愈它们。一位来访者这样说道：

在我成长的过程中，周围人映射出的是一个扭曲的我，我从他们那里了解到的关于自己的一切都是错误的，而你们却看到并映射出了真正的我。在我这些年的治愈之旅中，这才是我真正需要的。对我而言，这是无价之宝。

当我们分享自己的经历时，共享的痛苦会变得更轻，共享的快乐则会被放大，而共享的旅程则会成为一场激动人心的冒险。我无比感激能有机会与我的越狱伙伴们一起进行这场冒险。我为来访者们的越狱时刻而活，我有幸每天都能见证这些时刻。比如，一位来访者就与我分享了这样的时刻：

我意识到，我可以和自己成为朋友并真正地支持自己。我曾以为我应该逼迫自己，与自己战斗，而且我每天都会在焦虑中醒来。我会猛然惊醒，跳入战场，完成我必须完成的任务。然而现在，我可以成为自己的朋友，可以成为自己的身体的朋友。

我们可以从必须证明自己的监狱游戏中解脱出来，转而去玩这样的游戏：无论我们做或不做什么，都不会增减我们的价值，因为我们的价值是绝对的、无条件的、无须证明的。这之后，我们可以设定目标并实现它们，因为这些目标能给我们带来快乐。我们可以选择通过化妆和穿着打扮来提升我们的美丽，目的不是掩盖我们的"不完美"以使我们被社会接纳，而是这能给我们带来快乐。我们完全可以安全、自由且兴奋地展示我们作为人、伴侣和父母的完整、闪亮又真实的自我。

如果这些话令你产生共鸣，我们热烈欢迎你加入越狱者社区。请在我的网站上了解如何加入我们。你的存在将使我们所有人都更上一层楼。

创造与毁灭

越狱时，你会在与他人的互动中经历动荡。你会对生活的所有方面，包括你的人际关系，提出更高的要求。你会要求周围的人以更真实的面貌出现，并用更好的方式支持你。

每一种关系都将被重新定义和调整。重新调整后，有些关系可能无法再维系下去，有些人可能不愿意与你一起进入下一个层次。

重要的是，我们要腾出空间来哀悼、告别旧的关系，并欢迎新的、更深层次的联结。虽然创造与毁灭携手并进是一个古老的原则，但我们不能总是在旧基础上创造新事物。你周围的一些人可能会受到启发去拆除旧事物，并在自己的内心创造新事物，但另外一些人则不会这样做。

安于现状是我们文化中的一种普遍选择，创新之路位于安全范围之外。22岁那年，我离开家乡俄罗斯去了纽约。在我还不知道新生活会是什么样子时，就已经放下了旧生活。起初，我以为纽约之旅只是一场为期两周的旅行，结果我居然在这里生活了近20年。在此期间，我获得了两个心理学硕士学位，为数以百计的个人和企业提供了服务，结了婚，有了一个可爱的女儿，结识了很多了不起的朋友，并经历了一些精彩的冒险。

选择离婚时，我再次放下了旧生活带给我的安全感。我明白这不是一个受欢迎的决定，因此我苦恼了很久。在"努力维系婚姻"的仓鼠转轮中奔跑了这么多年，我不仅迷失了自己，也失去了对那些美好感觉的记忆。怨恨成为我的主导情绪，我似乎变成了一具行尸走肉。然而，我们都值得更好的生活。我渴望感受到充满生命力、活力和幸福的自己。我想成为那样的母亲，为我的女儿做个好榜样。我觉得，为了她和我自己，我有责任成为那样的人。那时我已经40岁了，而且即将成为一个单亲妈妈。虽然我还不知道自己在对什么说"是"，但我依然坚定地对旧生活说了"不"。

事实证明，这个"不"打开了通往"是"的大门，并使我的生活和工作在"它能变得多美好"的游戏中得到了指数级的提升。我们的女儿正在茁壮成长，她很珍惜与父亲的关系，而我在重获新生后所建立的其他深刻且有意义的关系，也极大地丰富了她的生活。

每一个重大的"是"都始于一个重大的"不"。

在创造新事物之前摧毁旧事物，会令人感到十分不安。这是一次自由落体，会触发我们旧的生存本能，并使我们的旧创伤浮出水面。越狱之旅既不适合胆小者，也不是一项能够独自完成的任务。你需要一个支持网络来看见你、肯定你并支持你。留意那些在你自己都不知道将来会变成什么样子就愿意为你投资、付出和庆祝的那些人。当你身处旧事物的废墟时，你需要的是那些不会评判你、觉得你"太过分"以及愿意支持你的人。

并非每个人都愿意迎接这种转变。周围的人往往会把我们钉在旧身份的十字架上。当我们试图越狱时，这正是我们最不需要的东西。你真正需要的是与那些为你的最高利益着想的人在一起（即便他们并不理解），而不是和只愿意维持现状的人在一起。你还要和那些勇敢的人甚至"助产士"在一起，因为他们会兴奋地欢迎新生的、不断进化的你来到这个世界上。

要想吸引这些人，最好的方式就是展现出自己的黄金。有些人会与你的真实自我产生共鸣，并因此靠近你。

用慈悲滋养你的心，并为这个过程中可能出现的损失创造哀悼的空间。即使是最积极和最理想的变化，也涉及旧事物的丧失；即使是最痛苦的过去，也值得并需要被适当地哀悼。给这些情绪留出空间，让它们在你的身体里流动。相信这种重新调整（无论过程多么激荡）将为你开辟新的空间，给你带来此时的你无法想象的更美好的事物，并让你现有的关系变得更有深度。而且，你将会吸引全新层次的人进入你的生活。这些转变后的关系以及新建立的关系有一个共同点——它们会支持、庆祝并放大你的完整自我和真实自我。

假如一个社群的成员们已经与你建立了黄金对黄金的联结，你将会在这里找到以前从未体验过的全新层次的支持和爱，而你的才华也会在此得到赞赏。然而，在无形的内在监狱中，没有任何与之相关的参照。在那里，这种体验并不存在。

我在打造自己的越狱之旅时意识到，身边有其他越狱伙伴的陪伴至关重要。在这些伙伴中，有些是我主动联系的教练、培训师和疗愈师，因为我希望他们能成为我的人生向导。我还发现，金子上的泥土去除得越多，就越能吸引那些展现出真实的力与美的人。我们会认出、映射并放大彼此的力量，然后共同成长。

我希望你也能拥有这样的体验。我期待全世界都能看到你的真金自我，我期待能感受到你真正的力与美。

第 七 章

——

监狱外的成功

如果你能注意到这个国家仅靠一半天赋所取得的成就，那么，想想看它的潜力吧……我们，由于一些相当愚蠢的决定，基本上把自己的另一半天赋搁置了。

——沃伦·巴菲特（Warren buffett）

女性找我做心理咨询一般是基于以下两个原因：一个是她们正在个人生活中策划越狱，另一个是她们努力想要在事业中发挥自己的才能。有趣的是，无论我们从哪方面着手解决问题，往往都会解决另一方面的问题。

　　你已经读过杰西卡的故事了。在第五章，她一直在与不适合她的男人约会。在越狱之前，她并不清楚自己为什么会这样，也不了解除了约会的男人自己还有没有其他选择。除此之外，在职业生涯中她也陷入了类似的困境。

　　在工作中，杰西卡感到痛苦和困顿。她非常勤奋、很有创造力，她的业绩也超过了团队中的其他人。但是，管理层没能认识到她的才华并提拔她，这令她感到沮丧。更糟糕的是，他们要求她加班，却并没有给她提供更多的薪酬。

　　当时，她认为这是一份"完美的工作"，觉得它的优点多于缺点：通勤时间短，工作时间灵活，可以在下班后去健身房。她很喜欢自己的一些同事，尽管她注意到自己与他们的关系缺乏互惠性。她经常帮助某些同事完成项目并为他们的成功做出贡献，但她并没有从对方那里得到同样的帮助。就像在她的个人生活中一样，她付出的太多，得到的太少。在情感和财务上，她都被消耗殆尽了。

当然，杰西卡可以选择离开公司。但是，她的监狱看守却讲了一些与她对安全的渴望以及对失败的恐惧有关的故事："珍惜你的通勤时间和你的同事们吧，你不知道拥有这些是多么美好的事情。如果你并不是那么有才华呢？如果你去了另一家公司，他们会一眼看穿你的。你会失去现在所拥有的一切。"

就像往常一样，监狱看守直接把我们带到了杰西卡需要疗愈的地方。我们探讨了她与父母的关系，了解到他们没能真正地看到或养育她。在成长过程中，她觉得自己是家里的害群之马。她不知道自己在做什么；她觉得自己不够好；她感到自己十分病弱和脆弱，没有独立生存的能力。以上种种创伤，把她困在了耗尽她精力的工作和关系中。

随着我们逐渐解开和治愈这些创伤，杰西卡开始更加自信和舒适地展现自我。她脑海中的叙事开始改变，她不再告诉自己："这份工作太安定和方便了，我永远都不能离开它。"现在，她清楚地意识到："它在消耗我的生命，我必须离开这个鬼地方。"

在几周内，她便离开了那份有毒的工作，转而去了另一家公司。在新公司的新职位中，她立即拥有了极大的创新空间。她的经理对她赞不绝口，她感到自己被重视、被看见、被欣赏，她的新工作反映了她与自己的新关系。她很快就得到了晋升。更妙的是，这个职位提供了更自由的远程工作方式，比她上一份工作所提供的"足够好"的通勤方式更好。这使她有了足够的时间一边工作一边旅行——她终于过上了报酬丰厚且享受生活的日子。

在越狱之前，这份工作看起来似乎遥不可及。而一旦她敞开了心扉，这份工作很快就出现了。当我们的头脑中到处都是监狱看守并受到它们的保护时，我们无法想象更好的生活可能是什么样子或者可能给我们带来什么样的感觉。

开启越狱之旅需要勇气，有时还需要忍受痛苦。在这条道路上的某个时刻，你会意识到"我不必再受苦了"，那就是当你在自己的生活中成为领导的时刻。你可以使用同样的越狱过程，在你的关系、专业领域和工作中发挥领导作用。

而这一切始于对现状的质疑。

领导者质疑一切

无论你想要改变个人的职业生涯，还是希望改变自己所在的组织，在事业上越狱都始于对现状进行颠覆性的质疑，比如：你在回避什么？你在忍受什么？

这些问题可以用无数种方式来拆解。公司的愿景在哪方面过于保守？是什么阻碍了你的创新思维？哪些产品、服务或任务在阻碍你发挥真正的潜力？

维持公司安全（同时也会限制其发展）的组织结构和流程，可能会指引你发现公司乃至整个行业的创伤适应。电影《十二罗汉》中有这样一幕：一个小偷计划从博物馆偷走一枚法贝热彩蛋[①]。他精心策划了这场盗窃行动，在深夜时分来到黑暗的大厅，看到一张激光网随机扫过地板。他已经做了充分的调研，知道这是博物馆的高级安全系统，如果他在大厅里踏错一步，警报就会被触发，他的整个计划就会落空。于是，他表演了一场精心排练的舞蹈，灵活地跳过和穿过激光束，抵达存放珠宝的地方。

这就是在一个组织内部进行越狱的情形。

为了保障你的安全和稳定，复杂的安全结构被嵌入了你的公司或职业生涯，其中一些结构可能反映了现状。当监狱看守宣称"每个人都是这样做生意的，每个人都是这样做销售的，每个人都是这样做营销的"，你便可以识别出这种结构。

但是，"这种运作方式"是否阻碍了你实现指数级的突破？

商业领域的越狱

创伤使我们习惯于用安全的方式行事，而不去发掘我们的创造力。当我开始将自己所了解的创伤知识应用到业务中时，我看到了现状在我的事业中设下的限制。我在业务中做了所有决策，但我做事的方式并没有给我带来快乐。由于我所在的行业中的每个人都在以同样的方式做同样的事情，所以我没有对此进行质疑。我选择了谨慎行事，并没有在我

[①] 法贝热彩蛋是由俄罗斯珠宝匠法贝热于 1885–1917 年间制作的一系列形似蛋的珠宝饰品。
——译者注

的天赋领域发挥自己的才能。

这些限制所导致的症状非常明显。我感到压力重重，我的收入也遭遇了瓶颈。尽管我非常努力地工作，但工作并没有给我带来快乐、愉悦或者我所期望的报酬。我知道自己有能力更快地帮来访者和客户实现更好的结果，但我没有跳出既有的框架去思考应该如何实现这个目标。我甚至都没有意识到有这样一个约束着我的框架存在。

一旦意识到自己的创伤模式在我建立和经营事业的过程中形成了内在监狱的墙壁，我便明白我可以通过越狱为自己的事业带来更多的幸福和满足。

带着这个领悟，再加上对代际、文化和个人创伤模式进行的分析，我迈出了越狱的第一步：在监狱中醒来。然后，我开始问自己："什么样的思维模式（头脑）、商业结构（身体）、行为和决策（行动）在保障我的事业'安全'？"这是越狱的第二步：了解监狱看守。

我问自己，有哪些选择是你基于过去的成功做出的？又有哪些无意识采取的步骤在照搬业界的例行做法？

我想接触更多的人，想要更多的收入，也想不再受时间和地点的限制去工作。在我当前所采取的商业模式中，这些问题无法得到解决，因为我在位于纽约的一个办公室里开展临床心理学实践，一次只能接待一位来访者。

当我试图从现状中寻找解决方案时，却只是找到了更多的问题。从现实的角度考虑，如果我想在当前的商业模式下赚更多的钱，那就需要雇用更多的员工，并培养更多的学员。然而，一旦有了更多的员工，我就不可能不受地点限制进行办公了：我必须在那里监督他们以确保一切顺利进行。如果我想赚更多的钱，就需要投入更多的时间，最终会给自己带来更大的压力。我被困在了思维的盒子里。

这是我所在的行业里每个人都在做的事情，大学的心理学专业也是这样教我们做一名心理学家的。对这个行业来说，成功地开始个人执业就是"从此过上了幸福生活"。我已经实现了这个目标，但我的"幸福生活"却并没有让我感到那么幸福。

然而，当事业的监狱之墙变得可见时，我就能基于自己真实的愿望和天赋来看待这些问题。当我对想要接触更多的人这个愿望更加坚定时，我意识到自己可以把过去20多年的探索倾注到一个我可以传授的系统中。我可以教人们成为自己的心理咨询师和治愈者，我还可以培训从业者，让他们在工作中帮助更多的人。

在这个新的结构中，我的收入没有上限，工作时间和地点没有限制，业务也可以实现指数级的增长。在每个成长阶段，我都会面临新一级的越狱挑战。新的挑战需要我去面对新的监狱看守，询问它们在保护我免受什么困扰，并借此达到更深层次的疗愈。深度的疗愈将开启更大的自由，在那里，我的任务是掌握新游戏"它能变得多美好"。

为了能在外在的工作中更上一层楼，我们需要更深入地进行一些内在工作。否则，我们就是在以未经处理的创伤为地基建造摇摇欲坠的大楼。这就像一颗定时炸弹，随时都可能因为自我破坏、压力、疾病或者关系破裂而爆炸。

我的发现和转变给我的事业带来了更多的自由、更丰富的可能性、更大的扩张、更高的知名度以及更广阔的影响力。我问自己，我希望为哪些来访者提供服务？想要影响什么样的领导者、公司和受众？我允许自己的渴望引导自己走出监狱的围墙。结果，机会的大门向我和我的事业敞开，这是我在进行事业越狱之前所不敢想象的。

我的来访者们的经验一直在证明，越狱对他们的事业所产生的影响足以改变游戏规则。正如一位企业家和CEO所反思的那样：

与瓦莱丽博士的合作真的促成了我生命中最大的飞跃！当我第一次听到她讲高成就女性通往幸福之路所缺失的环节，并指出这并不是我们的错时，我就被深深地吸引了！这则信息与我这一生所接收的所有"再努力一点"的建议形成了鲜明对比。

在短短几个月的时间里，我已经踏上了一个全新的台阶——我的能量发生了巨大的转变（人人都说我似乎变得不一样了）。焦虑不再默默地徘徊在我身边，我的事业也迎来了全新的转机。现在，人们会主动联系我，我轻松地打开了机会之门，我的理想客户纷纷涌向我……而在此前的几年中，多年的创伤、辛苦工作和单身育儿使我感到筋疲力尽，一切都显得如此艰辛。我觉得如今的我比以前的我更清楚自己是谁，并且有足够的信心走进瓦莱丽博士向我展示的命运。

树立成功的榜样

在改造自己的事业时，我渐渐意识到我正在给女儿树立什么样的榜样。她看到，随着我对自己的事业进行更富创造力的思考，我为我们的生活带来了更多的幸福感、满足感和成就感。起初，我以为这种榜样作用只是一种附带的好处，后来，我意识到这是推动我工作的另一个核心愿望：我希望我的女儿在成长过程中看到并理解，她可以创造任何东西，而且在这个过程中无须承受苦难。

我在成长过程中学会的游戏是埋头工作、工作再工作。我的母亲、祖母和曾祖母都是这样做的，她们一代又一代地将这种模式传承了下来。然而，我的女儿却见证了我主办的静修会、讲座和培训，她体验到了以快乐和愉悦为中心并产生快乐和愉悦的工作方式。她已经8岁了，我知道她会以这种方式在生活中勇往直前。

越来越多的证据表明：即使是存在了上千年的模式，也可以在短短一代人的时间内被颠覆。这就是越狱的真实力量。通过这项工作，你不仅能改变自己的命运，还会改变未来几代人的命运。

承认你的恐惧

监狱的安全系统使你的事业安稳地在原地运转。当你开始质疑现状并做出改变时，你的监狱看守将进入高度戒备状态——这是你要面对的现实。它们会讲述令人信服的故事，试图把你留在安全区："我不能进行彻底地改变，大家都在依靠我，不是每个人都同意这样做，我将失去来访者，我的收入会下跌，我无法承担这样做的代价。"

这些故事会让你远离自己的天才领域。

现在，你已经熟悉了监狱看守的声音。你在事业中实现越狱的方式与你在个人内心进行的越狱过程一样。你需要认识到维持现状的无形之墙。你必须与监狱看守会面并充分了解它们。然后，你需要创造具身的安全感并遵循自己的快乐原则，以此来贿赂它们。

当企业转型时，以上过程既在个体内部发生，也在整个组织范围内展开。要想在组织内进行改革，必须使组织里的每个人都愿意参与其中。组织的成员有他们自己的内部安全系统，在面临改变时，这些系统会在他们身上引发恐惧和抵触。所以，我们要接纳他们当前的状态，并协助他们升级内部安全系统。在原来的系统中，监狱看守使他们陷入困境。而在升级后的系统中，监狱看守化身为保镖，在改变、成长和拓展的旅程中保护他们。

我教给团队和公司的是，每个人都可以用于其内在过程的同样的五步法系统。它使人们感到安全，是变革的必要条件。而在实际的组织变革中，这个条件经常被彻底忽视。当人们感到安全时，他们就会把自己真正的天赋注入整个愿景。从这里开始，转变以全息的方式展开：每个个体的内在变化，最终都会汇集成整个组织的变化。

当监狱看守大声说话时，阻力就会出现。我们不能简单地对这些阻力进行反击，这对我们没有任何好处，只会导致人们闭口不言、不再参与。当人们感到不安全时，士气就会下降，团队合作就会严重受损，缺勤率也会上升。因此，我们要承认这些防御在保护我们的安全。我们使用同样的身心工具来创造安全，使人们能够以黄金对黄金而不是泥土对泥土的方式参与到具有挑战性的对话中。这些做法具有化解紧张、将冲突转化为合作的力量。

从对话到行动

　　焦虑和抑郁是一种信号，表明你在工作或个人生活中没能发挥出自己的真正天赋。当一个公司无法利用员工的天赋时，组织层面就会出现症状——公司可能会陷入一种类似抑郁的状态，其表现特征为员工缺乏能量和动力、冷漠、注意力不集中、自尊心受损，有时甚至还会产生自我毁灭的念头；公司可能也会经历焦虑的状况，具体表现为员工感受到与实际事件造成的影响不成比例的压力、坐立不安、思绪纷飞，以及停不下来的过度担心和恐惧；公司还会有成瘾行为——总是寻求同样的应对策略，如糟糕的管理和次优的系统，在熟悉的环境中寻求安全感，依赖"我们一直是这样做的"这一现状，即使这些策略并未产生实际的作用——就像其他成瘾行为一样，它们只是掩盖问题而未能解决根本问题；此外，公司可能还面临内部和外部的关系问题。

　　尽管长期以来的证据表明，公司里存在团队合作不佳、士气低落、业绩低迷以及员工满意度不高等问题，管理层却始终没有质疑当前的管理实践。因此，在竞争对手面前，杰西卡的公司失去了她。当员工觉得自己没有被看见、被倾听、被赞美，或者感觉不到安全时，他们就无法展现出所有的天赋，也不会全力以赴。

　　公司必须创造一定的条件，使员工的天赋得到认可和发挥。

　　如果你发现自己陷入了杰西卡所处的境地，即在一个不认可你才能的环境中工作，那么，请表达自己的需求和愿望，并阐明它们是如何与公司的需求和愿望保持一致的。把你的对话聚焦在什么是正确的以及我们怎么做才能使它变得更好，而不是哪里出了问题以及如何解决问题上。这种对话进一步推动了"双赢"的实现。它们避免了指责，最大程度地减少了来自防御的阻力。它们承认并赞美那些有效的做法，邀请所有人加入游戏中，看看"它能变得多美好"。

一旦杰西卡为自己营造了安全感，她就能够与管理层开展这类对话。然而，公司的管理层并不接受这种新的游戏规则。尽管谈话是友好的，但杰西卡得到的只不过是一种居高临下的安慰。

这种回应是那些陷入旧游戏的公司管理结构的特点。许多公司试图为所有员工创造一种友好和包容的环境，但父权制的教化往往影响了公司政策和个人行为（不论性别）。在公司的"潜意识"或盲点里，有很多因素在创造并维持一种有毒的环境，这种环境阻碍了顶级多元化人才的发展，最终导致了人才的流失。例如，公司的管理层没有倾听或者看到员工的需求和观点，而是无意识地强化了基于性别、种族、性取向和职称的父权制权力差异。大多数公司并没有明确规定要行使这种权力差异，所以，当我们开始揭示那些与他们的愿景和价值观直接冲突的无意识做法时，他们真的会感到惊讶甚至震惊，并急于纠正这些做法。

越来越多的人开始关注有毒的公司文化。股东们开始要求公司在多样性、公平性和包容性方面承担责任。消费者和客户在与公司开展业务时变得更加有意识，也更加有鉴别力，更倾向于选择那些与自己价值观相符的公司。

心理学家的作用是帮助来访者和客户发现他们的潜意识如何驱动意识思维、行为和选择。作为一名顾问，我将自己的心理学技能带到团队和公司中，帮助他们了解自身的潜意识信念和偏见是如何导致员工流失率高、士气低落、缺勤、旷工、人际冲突、晋升和领导力方面的挑战，以及对公司使命的低参与度。以上每一个问题都会对人们的心理健康（有时还包括身体健康）和福祉，以及企业的盈利产生负面影响。

来自潜意识的破坏

一个公司的潜意识信念和偏见往往会以非常微妙的方式表现出来。我与许多女性进行过交谈，她们普遍反映自己曾在会议上被忽视，得到的发言时间比男同事少，或者经常被要求完成职责之外的工作。

米歇尔就是这些女性中的一员。她负责领导一个非营利组织的董事会，该组织被委托管理一个大规模的州际项目。董事会上的其他成员恰好都是年长的男性，每当米歇尔提出自己的想法时，他们很快就会将她的话堵回去并对她的提议置之不理。身为女性，我们被教导要通过自我提升来解决人际问题。米歇尔也不例外，她开始研读关于如何提高沟通能力的书籍。可是，这并没有用——董事会依然无视她的贡献。

有一天，一位新来的董事会成员（对父权制现状有所了解的年轻男子）注意到了这种模式：米歇尔在会议上表达了自己的想法，但立刻遭到了拒绝。于是，这位新成员将她的想法重新措辞，以自己的名义提交给董事会。而在此过程中，他并没有提及她。

这个想法得到了非常热烈的响应。

米歇尔感到非常愤怒：他怎么敢这样做？会议结束后，这位新成员走到她面前说："我并无冒犯之意，但我想测试一下，他们是在拒绝你的想法，还是在拒绝你本人。"

答案显而易见。于是，米歇尔选择了辞职，离开了她策划和发起的这个重要项目。

天赋未被开发的代价

女性是地球上最大的未被发掘的自然资源。

——雷吉娜·托马斯豪尔

每一天、每一年，公司都在失去那些未能充分实现自己天赋的女性。我们永远无法得知，如果这些女性没有被拒绝、被恐吓以及被搞得不自在，这些机会能把我们带向何方。

大多数组织在不自知的情况下以父权制的方式运作。就像许多男性一样，有相当多的女性也在坚持旧的游戏规则，无意识地加固了组织内部无形的监狱围墙（女性往往会更加热情地参与其中），因为对现状的任何偏离都会对内在监狱的安全系统构成极大的威胁。但是，坚持旧的方式需要付出巨大的代价。所以有许多人（无论性别）正在觉醒，逐渐意识到自己被囚禁，渴望并积极地寻找更好的方式作为完整、真实的人去生活和工作。

我曾与来自不同行业的女性进行过数百场对话，她们都直言不讳地谈到了企业所造成的父权制应激障碍带来的代价。当男性表达意见时，他们被认为是坚定的和自信的；而在同样的情境下，女性则被认为是咄咄逼人的和强势的。当一个女人坚守自己的边界时，会被贴上"泼妇"的标签。在医疗领域，女医生经常被误认为是护士。在风险投资报告会议中，女性参与者往往被当作男性的助手。性别刻板印象将女性钉在"照顾"和"抚育"的十字架上，期望我们承担职责范围之外的责任。女性在领导岗位上受到更为严苛的监督。许多女性不得不应对职场性骚扰，并且经常被造谣靠权色交易上位。所有这些使父权制应激障碍这个机器运转不息，给女性造成极大的负担，并最终使企业付出了巨大的代价——人才流失、高离职率、糟糕的公众形象、诉讼，以及更高的医疗和法律费用。

女性被诊断出患有精神疾病的可能性是男性的两倍。2017年，美国心理健康协会对来自19个行业的17000名员工进行了一项研究，将心理健康问题与人们在美国职场的经历联系起来。根据世界卫生组织的数据，抑郁症和焦虑症每年给全球经济造成了超过1万亿美元的损失。如果企业不能意识到是什么导致了这些问题、工作场合中的因素如何引发了这些问题，以及如何预防并巧妙地解决这些问题，就会继续在无意中加剧这些问题。

简单地雇用和提拔女性并不意味着公司已经为她们的天赋和福祉创造了有利环境。

波士顿咨询集团的研究显示，女性所领导的团队比全男性团队的投资回报率高出35%。试想一下，如果我们消除了父权制应激障碍所带来的日常压力，女性能取得多大的成就？在每次对话和互动中，女性都要逆流而上对抗无意识的偏见。如果我们消除了这些无形的壁垒，女性将会在多大程度上挖掘出她们真正的天赋？公司的投资回报率又会提升多少？此处讲的公司投资回报率，不仅在收入方面，还包括创造力、企业愿景、创新力、客户满意度和忠诚度、员工留任率、健康快乐和成就感等方面。

遵循自己的自然周期

使女性能够达到最佳表现的条件之一就是，认识到建立父权制结构时并没有考虑到女性。然而，我们的需求与父权制不搭，女性天赋所需要的节奏和结构与父权制文化不符。

女性的创造力并不是线性发展的。所有人类，包括女性，都有各自的自然周期，需要不同的条件和环境才能达到最佳表现。有些人在独自工作时表现更好，而另一些人只有在团队中才能充满活力。有些人在办公室环境中能够做得很好，而另一些人则在远程工作时更高效。一天之中存在着一些自然的生产力周期，它们并不总是符合朝九晚五的结构。

让我们看清自己所处的语境，并认识到其局限性。当每个人都能搞清楚如何驾驭自己生产力和创造力的自然周期，而不是凌驾于周期之上时，就能给自己足够的空间充分表达自己并发光发热。要想使天赋得到最佳的表达，需要一定的条件。我们越是了解并尊重这些条件，就越是能够为团队创造出更好的成果。

与个体一样，企业往往也处于生存模式而非繁荣模式。企业文化进一步强化了每个员工内在的生存思维。当我们开始改变文化时，便是同时在内部和外部制造变革。当我们将问题从"我们能忍受多少"转变为"它能变得多美好"时，便打开了新的空间，使公司的政策、愿景、方向和执行都能转变为繁荣状态。

"它能变得多美好"的游戏可以成为你自己公司的新的组织原则，帮助你在新经济中取得领先地位。人们不再满足于与公司之间的交易关系，而是希望与那些代表某种理念的组织做生意，想要寻找那些与他们处在同样旅程的公司。当员工和消费者发挥自己生活、才华和天赋的全部潜力时，你的公司便可以与他们同在，提供最好的工作环境、客户体验和成果，以及最好的产品和服务。没有内部的转变，这种外部变化是不可能发生的。

结　论

终有一日，你会明白，封藏在花苞中比尽情绽放更痛苦。

——阿奈丝·宁（Anaïs Nin）

诗人和神秘主义者鲁米曾在一首诗中尝试与一个胚胎对话。他向胚胎讲述了这个世界上的种种美妙、丰富、激动人心和震撼灵魂的奇迹。他描述了各种景象和形形色色的人，以及庆典的味道、气息、色彩、欢乐和愉悦。他谈到了美味的食物和繁星点点的夜空。鲁米问胚胎，为什么她选择留在黑暗中，而不是走出来进入这个广袤而美丽的世界？胚胎回应道："哪有'另一个世界'？我只知道我所经历的一切。你一定是出现了幻觉。"

当我回顾过去一年的旧生活，并展望未来一年的新生活时，我对当前的现实与几个月前我以为可能的现实之间存在的巨大差异感到惊讶与谦卑。我知道，我在未来几个月里所创造的现实，也会让现在的我大吃一惊。

我对过去的自己充满慈悲心。处于大飞跃边缘的她感到很害怕：她要关掉在纽约的心理学执业诊所（那个已经十分成功的诊所），带着女儿搬到亚利桑那州，并开启尚未有成熟概念的新事业。对她而言，并没有什么概念是经过验证的成熟概念。她只是在欲望的驱使下进行了一次信仰的飞跃。前方没有蓝图为她指明道路，只有她留在身后的痛苦——那座无形的内在监狱带给她的痛苦。

她无法保证这一飞跃会带来成功。

我非常钦佩过去的自己，因为她能够遵循欲望的引导。我感受到无形的监狱之墙在向我逼近，使我无法呼吸、无法微笑，甚至无法感到自己是活着的。我非常感谢这次寻求之旅，它唤醒了我对幸福和满足的渴望，并激活了我的自由基因。

对此我很感激，因为新游戏所带来的兴奋感比旧游戏努力维持的安全感拥有更大的吸引力。

如今，当我享受着爱、健康以及处于发展中的事业时，我深知这只是一个开始。我的越狱工作每天都在继续。如果说我在这一旅程中学到了什么，那就是"要想站得更高，就要挖得更深"。

每当我在生活中吸入新的欲望，就会伴有一次更充分的呼气，使我深入到另一层限制。我不胜感激，因为我现在有意识、有能力、有策略，可以不断地疗愈自己并走向自由。

随着每一层创伤的揭示和解放，我的生命开启了新的维度。全新层次的快乐、幸福和活力，以及更丰富的情感表达变得触手可及。沿途的每一步都有指数级的胜利值得庆祝。

我的绽放把我带到了这里，带到了亚利桑那州图森市的一个12月的午后。我刚刚结束与客户的通话，正准备发布新一期播客——又一场精彩访谈，采访的是杰出的女性领导人，讨论的主题是父权制应激障碍。我坐在自家后院一棵美丽的大树下，尽情享受着阳光洒在皮肤上的感觉。清风徐来，空气中弥漫着沙漠之花的香气，一种深深的满足感和幸福感围绕着我。

那感觉就像是欢乐的香槟气泡在我体内流动。我感到胸腔在扩张，充满了温暖。我的手臂、肩膀和面部感到十分放松，我的眼睛也在微笑。我只想站起来跳舞，于是我真的这样做了。我充满了感激之情，与此同时，我也感到不可思议：原来这种程度的满足和幸福对任何人来说都是可能的——包括我。

对于一个经历过两次抑郁症发作，且多年来饱受严重的焦虑困扰的人来说，这种程度的全身心快乐是一种崭新的、没有任何参照点的体验。没有人告诉过我什么是真正的满足。就像鲁米在诗中所描绘的胚胎一样，我从不相信世界上有这种东西存在，也不相信我会在有生之年体验到它。

在这个过程中的每一步，我都追随着快乐留下的面包屑——那是我从遗传的痛苦以及日复一日的挣扎中悄悄偷来的。

然而，在这个 12 月的午后，在我有意识地创造的生活中，我看到这些面包屑已经变成了美味的盛宴。如今的我可以尽情地享受这场盛宴，因为我已经有了这样做的能力。

这是我的新常态。

而这同样也能成为你的新常态。